农业废弃物

生产食用菌及菌渣综合利用技术

姚 利 等◎著

中国农业出版社

北 京

著者名单·······

主　著：姚　利

副主著：赵自超　高新昊　袁长波

著　者：姚　利　　赵自超　　高新昊　　袁长波
　　　　曹德宾　　郭　兵　　王从欣　　杨正涛
　　　　单洪涛　　孙　涛　　贾洪玉　　辛淑荣
　　　　高照龙　　许亮亮　　刘彩芹　　孟凡兵

目 录

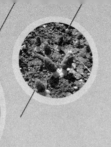

第一章　农业废弃物资源及栽培食用菌现状

第一节　农业废弃物的概念、来源及分类

一、概念

农业废弃物也称农业垃圾，是农业生产和再生产链环中资源投入与产出物质和能量的差额，是资源利用中产出的物质能量流失份额。在农业生产过程中一般是指被丢弃的有机物质，主要为农、林、牧、渔业生产过程中产生的生物质类废弃物，包括作物秸秆、畜禽粪便、动物残体等，以作物秸秆和畜禽粪便最为普遍。农膜、农药包装废弃物等非生物质废弃物不在本书涉及范围内。

二、来源

通常我们所说的农业废弃物，主要来自种植业、养殖业、居民生活及农产品加工等。如种植业中作物的茎、叶、根、种壳等，养殖业中的栏圈植物类铺垫物以及畜禽粪便等，同时也包括玉米脱粒产生的玉米芯，食用菌栽培后废弃的菌渣，食品加工后的剩余物如糠醛渣、酒糟等，以及人们在生活中产生的厨余垃圾，如蔬菜和其他副食的非食用部分等。实际生产中，农业废弃物多指农作物秸秆和畜禽粪便两大类。

三、分类

农业废弃物主要分为秸秆和畜禽粪便两大类。

秸秆是农作物成熟脱粒后的茎叶（穗）部分的总称。通常指小麦、水稻、玉米等农作物在收获其种子后的剩余部分。秸秆中含有大量的氮、磷、钾、钙、镁元素和有机质，农作物光合作用的产物大都存在于秸秆中。农作物秸秆中含有大量的纤维素、半纤维素和木质素，把秸秆粉碎、切割，与畜禽粪便堆沤后可作为食用菌栽培的基料，从而实现秸秆的基料化。这样可以有效地把秸秆和粪便利用起来，实现食物链和生态链的良性循环。

（一）秸秆

秸秆是农作物的主要副产品，也是自然界中数量极大且具有多种用途的可再生生物资源。我国历来是农作物秸秆生产大国，自20世纪50年代以来，大多数农作物的秸秆产量都在增加。据统计，2018年全国粮食播种面积11 703万公顷，2018年我国秸秆资源量为9.40亿吨，可收集资源量约为8.46亿吨，秸秆种类以水稻、小麦、玉米秸秆为主，秸秆综合利用率在83.4%左右。由于农作物秸秆分布零散、数量多，所以收集运输成本高，导致我国的秸秆资源大部分被浪费。农作物秸秆结构性、地区性过剩，严重影响了农业的可持续发展。特别是在一些经济发达地区和粮食主产区，秸秆焚烧现象仍然多发，造成资源浪费、环境污染、火灾风险等问题。

（二）畜禽粪便

随着我国集约化养殖的快速发展，畜禽粪便的排放量也逐年增加，已成为巨大的农业污染源，处理不当将会给生态环境带来极大的威胁。据《关于推进农业废弃物资源化利用试点的方案》中估算，我国每年产生畜禽粪便38亿吨，综合利用率不到60%，也就是说有15.2亿吨畜禽粪便被浪费。畜禽粪便的资源化方式主要有作为肥料、能源、基质、饲料、垫料利用，其中肥料化利用的占65%～75%，沼气化利用仅占1%左右，基质化和饲料化利用也相对较少。

四、推进农业废弃物资源化利用

农业废弃物是放错了位置的资源，在农业废弃物中蕴藏着巨大的商机，蕴藏着巨大的资源和能源。将农业废弃物科学合理地进行资源化利用，变废为宝，化害为利，对缓解农业资源不足、减少环境污染、改善农村生态环境具有重要意义，也是提高农业生产能力、促进农业和农村经济可持续发展、增加农民收入、推进农业绿色低碳转型发展的重要举措。

第二节　农业废弃物生产食用菌现状

食用菌生产，立题研究初始，就是以农业废弃物为原料进行的，其间虽经一代又一代科研人员进行了诸多的改革并取得了相当大的技术进步，但是万变不离其宗，所用原料一直为农业废弃物，只是逐渐改变了农业废弃物的种类，将资源逐渐枯竭的种类改变为资源更丰富并且成本更低廉的种类。比如，香菇的砍花生产—打孔接种—压块栽培—代料栽培，就是香菇生产原料由原木、段木、木屑到配合料的更新过程；再如，平菇的棉籽壳原料—秸秆原料—菌渣配合料的发展进程。

截至目前，生产食用菌所用的原料，几乎囊括了农业废弃物的绝大多数种类，从农林牧副（初加工）的废弃物，到几乎所有畜禽的粪肥，均在可用之列。

现有可以人工生产的食用菌品种多达40余个，规模化生产或保持应市的食用菌品种有十几个，如果将一年中不均衡应市的品种加起来，一般华南地区会超过20个，华东地区会达到20个，华北地区会达到或超过 10 个。其中，在我国排前 7 位的常规主导品种有香菇、黑木耳、平菇、金针菇、双孢蘑菇、杏鲍菇和毛木耳，近年来秀珍菇、鸡腿菇、草菇、灵芝类、银耳、白灵菇、滑菇、猴头菇、大球盖菇、长根菇（黑皮鸡枞菌）、茶树菇、榆黄蘑、巴氏蘑菇、金福菇、黄伞、白玉木耳、榆耳、灰树花、鲍鱼菇、阿魏蘑、蛹虫草、羊肚菌、荷叶离褶伞（鹿茸菇）、桑黄、金耳、绣球菌、竹荪等珍优品种发展迅速。上述食用菌品种，绝大多数可使用农业废弃物进行栽培，仅有很少一部分品种暂时无法用农业废弃物栽培。如桑黄，必须使用某种阔叶树品种的段木，暂时无法使用代料栽培。

第二章 农业废弃物生产草腐型食用菌技术

第一节 双孢蘑菇

双孢蘑菇是典型的草腐菌，在全球食用菌产业中占有重要地位，有"世界菇"之称，尤其在欧洲国家，人们说起蘑菇，基本上就认为是双孢蘑菇。我国改革开放以来，大量的食用菌出口后，西方国家才逐渐习惯了多品种的食用菌消费。自南菇北移以来，双孢蘑菇在菌种制作和出菇管理方面都有了质的飞跃。我国第一个杂交双孢蘑菇 As2796，是福建省轻工业研究所的研究成果，该品种在我国具有无可替代的位置，直到 21 世纪后，才逐渐衍生出其他菌株。截至目前，很多食用菌生产者还是以 As2796 为主栽品种，足见其生物学特性的稳定。

一、废弃物原料的选择

双孢蘑菇生产所要用到的原、辅材料较多，尤其是在小规模生产中更是如此，不仅需要农作物秸秆，而且要有牲畜粪肥，此外还需添加较大比例的有机氮、无机氮以及其他复合肥和中微量元素等。

首先，根据地域来看原料。南方地区以稻秸为主，水牛粪、奶牛粪也是主要原料，还有诸如油菜秸秆、甘蔗渣等南方的物产，另外增加的有机氮主要是米糠,复合肥属于通用型原料,全国皆然。北方地区,除稻秸外,豆秸、玉米芯、黄牛粪、奶牛粪等也是主要原料,添加的有机氮是麦麸。安徽、河南、江苏北部、山东、河北南部地区等,主要的原料就是玉米秸秆、小麦秸秆等。另外,除牛粪以外,山东等地还使用羊粪、猪粪以及鸡粪等畜禽粪便,从实践来看,只要处理得当,生产效果是比较理想的。但是,如果处理不好,尤其是鸡粪、鸭粪,一是会产生大量氨气、臭味,二是可导致基料发热,引致病虫害。原料不同,处理方法也不同,切不可不顾实际情况而将异地的生产方法照搬到本地。否则,看似"没错"的生产方法,生产效果将会大相径庭。

多年以前,发达国家的双孢蘑菇生产企业纷纷改行,究其原因,就是因为生产双孢蘑菇的过程中会产生一种令人作呕的味道。受此影响,发达国家的双孢蘑菇生产日渐萎缩,对进口的依赖度越来越高,这恰好给发展中国家食用菌产业的发展和出口创造了机会。

其次,根据生产方式来看原料。我国目前的双孢蘑菇生产以企业化生产为主、合作社(散户的管理模式)为辅,设施化生产双孢蘑菇的较少,工厂化生产双孢蘑菇的更是凤毛麟角。散户生产以秸秆、粪肥为主料,辅以一定比例的麦麸、化肥等,属于传统生产方式,堆料场臭味较重,甚至因为处理不当,部分菇棚内也有粪肥的臭味。设施化和工厂化生产则以秸秆为主料,辅以适量的麦麸等,不会产生难闻的臭味。

此外,根据各地农业、加工业的发展状况,中药渣、甘蔗渣、酒糟、沼渣等均可作为主料。辅料除了可以选用麦麸外,南方还可以选择菜籽饼,北方可用豆饼、花生饼等,中部地区以及新疆可用棉籽饼,这些都可以作为食用菌的有机氮源。

选择原料的原则是就地、就近、因地制宜,只要计算好碳氮比,对配料进行适当调配,生产就不会有大的出入。

二、生产配方的设计

各地选用的原料不同，生产配方自然就不同。

(一) 北方地区的基本生产配方

传统配方：麦秸 3 000 千克，牛粪粉 3 000 千克，麦麸 100 千克，豆饼粉 50 千克，复合肥 30 千克，尿素 20 千克，石灰粉 180 千克，石膏粉 80 千克，轻质碳酸钙 60 千克，食用菌三维营养精素（拌料型）2 880 克。

玉米芯配方：玉米芯 2 000 千克，玉米秸 2 000 千克，鸡粪 2 000 千克，沼渣 1 000 千克，过磷酸钙 90 千克，尿素 70 千克，棉籽饼 80 千克，石灰粉 90 千克，石膏粉 100 千克，碳酸钙 80 千克，食用菌三维营养精素（拌料型）3 360 克。该配方应注意：鸡粪需晒干后再加水进行发酵处理，一则消除臭味，二则尽可能多地杀灭病原和害虫。

豆秸配方：豆秸粉 2 000 千克，麦秸或稻秸 2 000 千克，牛粪粉 3 000 千克，麦麸 100 千克，复合肥 30 千克，石灰粉 180 千克，石膏粉 80 千克，轻质碳酸钙 60 千克，食用菌三维营养精素（拌料型）3 360 克。该配方的最大问题就是豆秸的含氮量偏高，发酵过程中应翻堆均匀且翻堆多次，使已经游离的氮散发出去，以免播种后畦床基料中氨气味过重，影响菌丝正常发育和生长。

麦糠配方：麦糠 2 000 千克，玉米芯 2 000 千克，沼渣 3 000 千克，牛粪粉 2 000 千克，麦麸 200 千克，豆饼粉 60 千克，复合肥 50 千克，尿素 20 千克，石灰粉 280 千克，石膏粉 80 千克，轻质碳酸钙 60 千克，食用菌三维营养精素（拌料型）4 320 克。

(二) 南方地区的基本生产配方

传统配方：稻秸 3 000 千克，牛粪粉 3 000 千克，米糠 150 千克，菜籽饼粉 50 千克，复合肥 30 千克，尿素 20 千克，石灰粉 200 千克，石膏粉 80 千克，轻质碳酸钙 60 千克，食用菌三维营养精素（拌料型）2 880 克。

蔗渣配方：蔗渣 3 000 千克，稻秸 1 000 千克，牛粪粉 4 000 千克，麦麸 200 千克，复合肥 60 千克，尿素 40 千克，石灰粉 220 千克，石膏粉 100 千克，轻质碳酸钙 80 千克，食用菌三维营养精素（拌料型）3 840 克。

稻壳配方：稻壳 2 000 千克，蔗渣 2 000 千克，牛粪粉 4 000 千克，米糠 200 千克，菜籽饼粉 120 千克，复合肥 30 千克，尿素 20 千克，石灰粉 270 千克，石膏粉 80 千克，轻质碳酸钙 60 千克，食用菌三维营养精素（拌料型）3 840 克。

（三）中部地区的基本生产配方

花生秧配方：花生秧粉 2 000 千克，玉米芯 1 000 千克，牛粪粉 3 000 千克，麦麸 180 千克，复合肥 50 千克，尿素 30 千克，石灰粉 180 千克，石膏粉 60 千克，轻质碳酸钙 60 千克，食用菌三维营养精素（拌料型）2 880 克。

酒糟配方：酒糟（以干料计）2 000 千克，玉米芯 3 000 千克，牛粪粉 4 000 千克，麦麸 220 千克，棉籽饼粉 100 千克，复合肥 50 千克，尿素 20 千克，石灰粉 450 千克，石膏粉 90 千克，轻质碳酸钙 90 千克，食用菌三维营养精素（拌料型）3 840 克。该配方的问题是：首先，酒糟的 pH 低，应提前晒除水分，调整 pH 至 8～9；其次，酒糟的颗粒偏细碎，所以玉米芯的颗粒应选稍大一点的，以免影响基料的通透性。

中药渣配方：中药渣（以干料计）1 500 千克，玉米芯 1 500 千克，牛粪粉 3 000 千克，麦麸 180 千克，棉籽饼粉 60 千克，复合肥 50 千克，尿素 20 千克，石灰粉 360 千克，石膏粉 60 千克，轻质碳酸钙 60 千克，食用菌三维营养精素（拌料型）2 880 克。中药渣多呈酸性，应在拌料前进行有效调整。

木糖渣配方：木糖渣（以干料计）1 000 千克，玉米芯 2 000 千克，牛粪粉 3 000 千克，麦麸 180 千克，豆饼粉 50 千克，复合肥 40 千克，尿素 20 千克，石灰粉 360 千克，石膏粉 60 千克，轻质碳酸钙 60 千克，食用菌三维营养精素（拌料型）2 880 克。该配方与酒糟配方有点相似，关键点就是事先调整原料的 pH、基料的通透性。现多采取冬、春季备料，任其日晒雨淋，天然调整 pH 的方法，有利于播种后基料 pH 的稳定。

(四) 通用配方

菌渣配方：菌渣（棉籽壳基质）2 000 千克，玉米芯 1 000 千克，牛粪粉 3 000 千克，麦麸 180 千克，豆饼粉 50 千克，复合肥 60 千克，尿素 20 千克，石灰粉 320 千克，石膏粉 60 千克，轻质碳酸钙 60 千克，食用菌三维营养精素（拌料型）2 880 克。

沼渣配方：沼渣 2 000 千克，稻秸或麦秸 3 000 千克，牛粪粉 2 000 千克，麦麸 60 千克，复合肥 50 千克，石灰粉 200 千克，石膏粉 70 千克，轻质碳酸钙 70 千克，食用菌三维营养精素（拌料型）3 360 克。

(五) 注意要点

牛粪应进行粉碎处理，最大颗粒直径应小于 1 厘米；使用鸡粪时，必须将其彻底发酵，最大限度消除臭味，并进行杀虫处理，以免带虫入棚；酒糟应晾晒，并增加石灰粉用量；中药渣应进行沥水或挤水处理，然后晒干，关键是要防止发生链孢霉菌；以沼渣为原料应选用正常产气的沼气池排出的沼渣。

三、栽培管理技术

(一) 基料处理

1. 一次性发酵法　配方中所有原、辅材料均需新鲜、无霉变。如麦秸、稻秸等，在作物收获季节，应趁天气晴朗及时晒干；玉米秸应铡段后碾压，也可铡段后直接进行堆酵；中药渣应除水晒干，最好烘干；木糖渣、酒糟等应晒干，晾除酸味；菌渣应选择新清理出来的，除去塑料后及时打碎并晒干；沼渣等应晒干，半干时或新鲜沼渣也可以使用，但应做好氧发酵处理；牛粪晒干后用机械打碎，然后过筛一次，将1厘米以上粪块集中再次打碎，最后使牛粪成粉；鲜鸡粪需先进行发酵，臭味大为降低后即可摊开暴晒，晾干即可；棉籽饼应充分粉碎；复合肥、豆饼、棉籽饼等应提前浸泡；生产中若没有轻质碳酸钙时，可适当加大石膏粉用量，一则补充矿物质成分，二则缓冲基料pH；石膏粉，用建筑装修使用的生石膏即可，但要注意装修市场上有一种加胶石膏粉，不可用于食用菌生产；石灰粉应以生石灰加水分解后的新粉为好，时间过久、含水过多的也可使用，但应根据情况酌情增加用量。

（1）预湿。将麦秸直接加水预湿，维持2～3天，使之充分泡透，稻秸、玉米秸、玉米芯等亦如此处理。棉籽壳、菌渣在建堆发酵前2～4小时加水拌匀即可。

（2）建堆。除食用菌三维营养精素外，其余原、辅材料进行建堆发酵。方式是一层秸秆、一层粪肥及辅料，层层堆叠。一般建堆时，牛粪应有剩余，不要全部铺于料中，应用剩余牛粪顺堆在料堆顶部堆起一尖顶，可用于挡雨，防止料堆内热量上升散发过多。建堆完成后，料堆极似一排无门窗的平房。在1米高度处，将温度计垂直料堆表面插入料堆内40厘米深处，用以监测料温。

（3）翻堆。自建堆之日算起，满3天、4天、5天、6天各翻一次。翻堆的目的是使全部原、辅料均匀地处于有氧发酵区，得到充分发酵，并由此改变其理化性状，使营养有效地分解和转化。翻堆的方法：提前数小时对料堆喷水，使边缘秸秆可以充分吸水。翻堆时先将堆顶牛粪扒下来，从料堆的一端开始，先将边料取下，将堆内高温区料做新料堆的底部和顶部，将边料、底料、顶料翻入新料堆的中部位置。建新堆的程序仍同第一次建堆，在翻堆过程中，原料堆中的牛粪等已很难完全取出再重新铺层，因此，只有尽量使之均匀地分布在各料层中。翻堆时应从第二层开始适当补水，每层补水量视原料的含水量而定，以湿透而不渗流为宜，以免水溶性营养成分，尤其是速效营养流失。第二次翻堆方法同上。第三次翻堆时，兑制毒·辛 1 000 倍液，在每层料中均匀喷入，用量为每吨干料 50 千克左右，以驱杀侵入料堆中的害虫。最后一次翻堆时，将食用菌三维营养精素均匀喷入。

2. 二次发酵（后发酵）　基料进棚后，将全部基料顺床基堆成大堆，以使其易升温和保温，节省二次发酵时间，并减少蒸汽通入量。基料进棚后，关闭所有通气孔、门、窗等，令基料自然升温，2 天后，即可向棚内近地面处快速、不间断地通入蒸汽。有方便条件如利用电厂多余的蒸汽时，可多设几条管道，分别从大棚四角通入蒸汽，可使棚温、料温迅速同步升高；自烧蒸汽时，尽量采用小型蒸汽锅炉，也可将多个桶相接，注水后大火猛烧，即可产生大量蒸汽，这些蒸汽通过管道通入棚内，可使料温、棚温同步达到 56~60℃，并维持 7 小时左右。之后停止加热，使棚内温度缓慢自然下降，当棚温降至 50℃左右时，继续加热，通入适量蒸汽，其间应在每天中午气温最高时通风一次，注意通风时加大蒸汽通入量，以防料温大幅降低。一般维持 6 天，即可撤掉蒸汽源，通风降温。待料温降至 28℃以下时，即可进行铺料播种。

注意要点：基料发酵要均匀，不得有干料、夹心料掺混；二次发酵时的温度应保持均衡，尤其不得降温，否则，应重新计时；降温时段的通风一定要加强，必要时应强制通风，以使料温快速降至预定水平，否则，将会出现不可测的问题，如鬼伞将会一夜之间布满菇棚，后果严重。

（二）菇棚消杀

常规生产双孢蘑菇，山东等地应在 9 月 5 日左右播种，一般 8 月初处理基料，可在基料发酵期间的空闲时间处理菇棚。该阶段正处于酷暑季节，主要问题是气温高、湿度大，杂菌和病原菌基数大，害虫基数大，因此，菇棚的处理应本着综合防治的原则，主要目的是尽可能降温、有效杀菌、彻底杀虫。

1. 菇棚内灌水降温　菇棚内按照生产模式要求进行整理后，使用地下（表）水灌棚，根据当时的土壤含水状况确定灌入的水量，一般只要湿透 30 厘米左右的土层即可达到降温的目的。

2. 杀灭地下害虫　灌水时，随水冲入毒·辛或辛硫磷，每 100 米² 用药 100 克。

3. 菇棚喷药杀菌杀虫　灌水渗入后，可对棚内喷施赛百 09 300 倍液和百病傻，每次喷一种，隔日交替喷施。喷施百病傻时，可将氯氰菊酯与之混合。

4. 高温闷棚　喷药后随即放下覆盖物，关闭所有通风口等。以山东地区为例，8 月晴好天气的 11：00 左右，棚内距地面 1.5 米以上的温度即可达到 50℃以上，13：00 时可以达到 60℃以上，利用高温闷棚，可以增强药物的杀伤力，并可使药物在短期内分解或挥发，在达到杀菌杀虫目的的基础上，使生产基本脱离了药物残留的可能性。一般维持 5 小时左右即可达到杀菌杀虫的目的，如不急用，可继续闷棚，待需要进料时，提前 2 天左右再进行处理。

5. 撒布石灰粉以巩固效果　高温闷棚结束后，在进料前 1～2 天，重新放下覆盖物，打开通风口等，按照每平方米地面 100 克的用量撒施石灰粉，约 3 小时后粉尘即可落地，然后即可进料。

（三）播种操作

播种方法应以二层播种为宜，即二种一料的快速播种方法，该方法的最大优势就是工作效率高，适合大面积商品生产者采用。基本操作是：床基两边各留 10 厘米左右不铺料，属于多层架栽培的，可铺料至层架边缘，或边缘留 3～5 厘米。床基上播菌种总量的 40%左右，然后铺料并压紧，厚 20～25 厘米，然后将菌种总量的 30%左右撒播到料面上，采用手抓法使之沉入料内 3～5 厘米深处，其余菌种撒到料面上，并随即用木板将料面压平，一定不要让料面凹凸不平，以免给此后的一系列操作及管理带来不便。

此外，还有先铺料再播种的一料一种播种法，以及播种—铺料—播种—铺料—播种的三种二料播种法等，各地应根据具体情况，因地因时制宜，不必拘泥于某一种方法。

播种后，将料床覆盖，随即喷洒一遍300倍的赛百药物，然后即应关闭菇棚通气孔，使之处于密闭状态，有利于菌种伤处尽早恢复，萌发定植。

(四) 发菌管理

菇棚密闭时间，根据当时的气温，一般持续3～5天，以山东地区为例，常规播种一般于9月5日左右进行，届时气温最高仍可达到30℃以上，且持续时间较长，但晚间则较凉爽，故维持3～4天即可。进入菇棚观察，菌种已萌发，菌丝大多长0.2～0.3厘米，此时打开通气孔的1/4左右，使之缓慢换气，如秋风干燥，可适当喷雾增湿。如棚温过高，则任其通气，尤其晚间，应将通气孔全部打开，使空气相对湿度保持在75％左右。

为防止杂菌孢子进入棚内造成危害，作为预防性措施，发菌期间应适当喷洒高效无残杀菌抑菌药物，生产中一般喷洒百病傻和赛百09，每3天左右喷洒1次，2种药物交替使用，以防杂菌产生耐药性。切忌喷施多菌灵、甲醛类等高残留药物。以喷洒棚墙、通气孔、地面及作业道为主。因为料面已经覆盖，亦可对空间喷洒药物，但要注意尽量不要使药物直接接触料面及菌种。

常规条件下，约经20天，菌丝可基本发满料内。可对料内进行检查：基料厚度的2/3左右均有菌丝分布，少量已发至料底，整个菇棚无异味（基料发菌正常，不存在酸臭异味）、无异色（发菌正常，不存在污染或病虫害），即可视为发菌阶段结束。

(五) 覆土材料

覆土材料很多，应根据投资条件、栽培规模、产品去向以及自身技术水平等进行选择，一般来说，主要有以下几种：

1. 草炭土　这是栽培双孢蘑菇的首选覆土材料，尤其国内外的工厂化生产，更是将之作为唯一材料，但是在我国，草炭土资源因限采而紧缺，若进口草炭土，由于资源稀少、运输费用高等，造成了生产成本高。

2. 营养土 有 2 种可供选择。一种是利用菜园地表土配制营养土，由于资源丰富、取材方便、运输便利等优势，所以采用较多。菜园地表土有机质含量较高，经过人工配置以后，用于双孢蘑菇覆土效果还是比较理想的。但是，由于土壤微生物的作用，往往会发生某些同类土传病害，希望引起注意。另一种是以大田耕地表土为基础，加入适量有机、无机物质后进行复配的一种覆土材料，其生产效果优于大田耕地表土，但较草炭土又相差甚远，在一些边远地区以及来不及采购草炭土、不具备林地腐殖土资源的地区，可以按照要求进行复配，并进行相应的药物处理。

3. 腐殖土 有 2 种可供选择。一种指的是郁闭度在 0.45 及以上的林内，地表 10 厘米左右的腐殖土，其中混有大量落叶、禽粪、虫类尸体以及各种有机物，土壤与有机物体积比为 1 :（0.5 ~ 1.5）。该种林地腐殖土，处理后用作双孢蘑菇覆土材料，效果很理想。只是取材成本较高，除试验或小面积栽培外，很少用于大面积商品生产。另一种是自制腐殖土，就是在耕作层上加入适量有机、无机物质进行发酵处理，然后将之晒干粉碎，并进行药物处理后，即可作为一种成本较低、效果相对不错的覆土材料用于生产。

4. 沼渣土 利用以动物粪便为原料的沼气池产出的沼渣，新鲜或晒干均可，按照一定比例加到普通大田地表土中，可按土重的 10% ~ 40% 加入沼渣（以干重计）；或将挤水后的鲜渣与土按体积比 1 : 1 拌匀后进行发酵，15 天左右翻堆一次，确认土中没有臭味即可使用，临时不用的，覆塑料膜存放即可。

5. 沼液土 分为 2 种：一种就是利用沼液直接培土，自然晾干后，再将土粉碎，土粒中自然保留了沼液的绝大部分营养物质；另一种是利用沼液发酵玉米秸等秸秆，待其腐烂后，秸秆中自然带有沼液的营养成分，加之秸秆自身的有机营养，与普通土壤混合后，便成了一种优质的覆土材料。

各地还可以根据当地的资源条件，有选择地配置覆土材料，只要满足"疏松、营养"的条件，即可直接用于生产。不要拘泥于某种材料、纠结于某个配方。

（六）覆土操作

覆土的目的，主要是利用土壤的吸水性和持水性，保持基料的相应水分，并使覆土层作为"保温层"，让基料、菌丝处于相对恒定的温度条件下。同时，由于覆土材料中微生物及其代谢产物的作用，可促使双孢蘑菇菌丝扭结现蕾。覆土厚度应根据覆土材料的理化性状决定，一般在 3 厘米左右，但如果是草炭土，可覆至 5 厘米，如土质黏重或沙性土壤则可适当减少厚度至 2 厘米左右。覆土后将料床表面刮平，并随之喷洒适量清水将覆土层湿透，但不要有多余水下沉至料内。

覆土后每 3～5 天对空间、墙壁、地面、作业道等喷洒一次百病傻或赛百溶液，以预防杂菌侵入。保持棚内空气相对湿度在75%～80%，温度调控可由高到低，如覆土后初期的 3～5 天，可保持在 30～32℃，5～10 天调至 24～28℃，10 天以后，进入 9 月中下旬，气温降幅较大、温差较大，保持温度不高于 25℃，棚内保持一定的通风，有利于土层内的菌丝生长，但应注意不可强风猛吹，一旦表面土层发白，即表示通风过量或湿度偏低，应迅速喷雾调整。

（七）后熟管理

覆土后约 20 天，料床表面即有菌丝冒出，此时，应加强温度调控，尽量使棚温降至最低点，并结合适当强度的通风，使料床表面呈稍干燥状态，不适宜气生菌丝出土，以使土层以下的菌丝继续生长，并在该阶段使菌丝达到生理成熟。该阶段的最佳调控措施就是安装控温设备，如常规的水温空调、控温风机等，即可达到调控自如的生产效果。当料床边壁或作业道边沿有子实体出现，即有

"菇信"时，说明菌丝已成熟，即可转入出菇管理。

（八）出菇管理

1. 水分管理　食用菌生产中，历来有"一斤*菇，二斤水"的通俗说法，说明了水分的重要性。覆土层的调水，是水分管理中至关重要的技术环节，有 2 种方法可供选择：一是采取多次勤喷的方法，使覆土层不是湿透而是洇透，用 1～2 天时间使覆土层达到最大持水量，这样对覆土层内的菌丝影响较小，适合偏黏性土壤；二是重打结菇水，采取喷洒的方法，一次性用足水，其后应采取空间喷雾等办法，保持棚内空气相对湿度在 80%～95%。

2. 温度管理　该阶段菇棚温度一般为 11～20℃，处于双孢蘑菇子实体生长的适宜范围，几乎不需任何调控，即可正常生长。但随着时间的推移，比如进入 11 月以后，温度降低较快，故应加强保温措施，可在草苫上加覆一层塑料膜，或在中午加强通风。冬暖式大棚的管理相对简单一些，而普通斜面式大棚，进入 11 月下旬或 12 月以后，则很难保持所要求的温度。近年来有的生产者用暖风炉效果不错，低温季节只要保持 8℃以上，即可满足子实体生长要求。待到春节后，气温回暖，就不需要升温了，进入 4 月以后，应该进行降温处理了。总之，将温度保持（控制）在双孢蘑菇出菇的适宜温度范围之内并偏低，是双孢蘑菇出菇管理的主要工作之一。

3. 通气管理　食用菌生产中，通风是非常重要的管理内容。由于双孢蘑菇多属于顺季生产，一直到第二潮菇的生长，温度非常适宜，基本不存在保温问题，通气孔及进出口多处于打开状态，所以，我们将通气管理调至温度管理之后。

实际生产中，菇棚的通气效果如何，直接关系着产量高低以及质量如何，但大多菇民却往往重温度、水分，相当程度上忽视了通

---

* 斤为非法定计量单位，1 斤＝500 克。——编者注

气管理。菇棚中通气，除满足菌丝体和子实体生长需要外，很重要的作用就是在排除或稀释二氧化碳的同时，将棚内多余的水分带出棚外，尤其当棚内空气相对湿度过大时，这一点显得更为重要。此外，良好的通气可减轻棚内某些病害的发生。生产上一般要求棚内二氧化碳浓度在 0.05% 左右，不要超过 0.1%。直观感觉就是"食用菌气味"很小，无明显的"发酵料味"。不应使过强的风直吹畦面，避免覆土或基料失水。

4. 光照度 双孢蘑菇的最大特点是子实体阶段几乎不需要光照也可正常生长，但在微弱的散射光条件下，又对其生长发育无碍。因此，生产中可将菇棚盖严，仅在入内操作时打开边角或通气孔，有需要时可开灯照明，人走灯灭。

5. 适时采收 当子实体长至直径 3～4 厘米，仍呈包膜紧实状态，但生长速度明显降低时，即可及时采收。该指标不是十分准确，应该根据实际状况以及届时的温度等条件确定采收时间。

应提前做好采收准备。比如，采收时应戴乳胶手套，以防指印留在菌盖上，导致该处易发生褐变和影响菇品质量；再如，装菇的盆、筐等工具，应事先进行消毒处理，以免污染菇体等。

6. 采后管理 一潮菇采收完成后，应及时清理料床，去掉菇脚、死菇以及菌索等，填平凹处，有条件的可浇施食用菌三维营养精素混合液，并用清水镇压，使菌丝得以休养，以利下潮菇的发生和高产。

以上的措施多用于顺季生产的散户或小规模种植户，设施化以及工厂化生产需单独另文说明。

四、病虫防治技术

（一）病虫害的防治原则

病虫害的防治原则是预防为主，防治并重。预防工作高于一切、重于一切，如果因为预防工作耽误了管理，最多也就是耽误一潮菇，而一旦预防不及时，病虫害暴发，则损失的不仅是一潮菇，而且还要赔上药物、人工等投入，严重时可能会赔上整批菇。"千里之堤，溃于蚁穴"，说的就是这个道理。

（二）主要杂菌

1. 木霉 俗称绿霉、绿霉菌等，这是生产中发生最普遍、危害最严重的杂菌，无论是制种还是栽培，无论是生料、熟料还是发酵料，发菌期间均可发生，甚至在出菇阶段也有发生。其菌丝成熟期很短，往往在一周内甚至3天内即可达到生理成熟，然后即生出绿色霉层，即孢子层。当基料被侵染后，菌丝阶段不易察觉，直到出现霉层时才能引起注意。起初只是点状或斑块状，当条件合适或食用菌菌丝不是很健壮时，很快发展为片状，直至污染整个料床，若不及时采取措施，菇棚内短时间即可一片绿色，孢子飞扬，棚壁上也将附着大量孢子，给以后的生产留下严重隐患。

2. 曲霉菌 又称黄霉、黄曲霉等，除对食用菌生产造成危害外，作为一种致癌物质，对人体危害极大，因此，生产中更应严格处理。曲霉菌除直接与食用菌菌丝争夺营养、水分以及生存空间外，还可分泌毒素，严重危害食用菌菌丝。其菌丝成熟期很短，侵染部位即可着生孢子，即出现霉层，其分生孢子微黄色、干黄色或暗黄色。被侵染基料食用菌菌丝不再生长，并逐渐消失，条件适宜时，霉层不断扩大，最后可能占领整个料面。该霉菌可长期存活于土壤、秸秆以及粮食中，其最适生长温度为25℃左右。研究发现，该霉菌有很强的适应性，即使在温度10℃以下和空气相对湿度30%的条件下，也能顽强生长，是抗性较强的杂菌之一。

3. 毛霉 又称长毛菌、黑霉菌、黑毛菌等，活力极强，在不断进行的药物防治试验中，该菌的杀灭难度较大，并且，由于该菌的菌丝发展速度极快，仅2～3天即可占领全部料面，因此更是增加了防治难度。典型特征是菌丝细长、发展极为迅速，菌丝成熟后其黑色孢子很快生出。培养皿培养仅2天时间其菌丝即可充盈全

19

皿，7天内其菌丝可将菌袋表面占领并变为黑色，严重时可使食用菌菌丝不再发展。毛霉主要以孢子形式进行传播和感染，其孢子存留于土壤、粪肥及植物残体上，对环境的适应性较强，尤喜高温、高湿条件，孢子一旦萌发，生长速度极快，高温条件下3天时间即可布满基料表面，危害较大。

4. 根霉 由于其表面症状与毛霉相似，故又有长毛霉等别称。发生根霉时避光观察，尤其晚间借助手电筒观察时，其菌丝纤细、透明、有晶亮感，越近尖端处越明显，其尖端处明显增大，即其孢囊。在马铃薯葡萄糖琼脂（PDA）培养基上观察，可以发现其菌丝呈匍匐状发展，可分生出新的叉。菌丝顶端分生出丛生的孢子梗，每个孢子梗上着生一个孢子。根霉性喜阴暗、潮湿、通风较差的环境，其发生与毛霉相似，生长速度极快，很快即可布满整个料面，且气生菌丝纵横交错，初发阶段乌（白）茫茫一片，适宜条件下3～5天即在其菌丝尖端分生黑色孢囊孢子，5天左右整个料床呈乌黑色，食用菌菌丝因此而停止生长，继而消失，栽培失败。

5. 鬼伞 山东等地又称狗尿苔、野蘑菇等。典型特征是菌丝成熟后遇阴雨天即可发生子实体，其子实体发生后短时间内即自溶、腐烂，仅有3～12小时的生命周期，农村夏秋季节的树枝篱笆以及草堆、枯树、粪堆上常有发生，太阳照射后即腐烂。该菌多发生于生料及发酵料栽培生产中，发生的根本原因有2个：一是料温某一阶段过高，这是关键原因；二是基料腐熟度过高，即便料温不高也会发生。

（三）杂菌防治措施

1. 预防措施 提前处理菇棚，并采取高温药物闷棚的方法杀灭杂菌；基料处理得当；发菌阶段进行药物预防。

2. 杀灭措施 出现上述杂菌后，首先，分析发生原因，堵死管理漏洞，以防杂菌蔓延性扩张；其次，将污染处直接移除，随之对挖除面扩大10厘米范围喷洒赛百09 200倍液；再次，如果是发菌期，可在挖除处填补基料使之持平，继续发菌，如果已经覆土，可用覆土材料填平，土层中将会布满大量菌丝；最后，菇棚中连续多次喷洒杀菌药物，以防止再次侵染，移除的污染料，按干料重的2%左右加入石灰粉，拌匀，堆积发酵，作为大田有机肥。

（四）病害防治

1. 红根菇 尤其春季后期易出现该现象，主要原因是细菌感染，可喷洒蘑菇杀病灵溶液。基料经长时间分解利用后，pH 下降严重，或遇高温时一次性用水太重太急，也可发生该现象。处理措施：向畦面喷洒 2%石灰水上清液，提高基料 pH，使其维持在 8～8.5；春季骤然升温时，采取提高棚湿、少量多次向畦面洒水等措施，避免一次性浇灌大水。

2. 锈点菇 菇体上的铁锈色斑点对其商品质量影响严重，主要原因是管理不当导致细菌感染，如棚内空气相对湿度过大、菇体上积聚小水珠，又不能及时使之蒸发，时间稍长很可能引发该病害。处理措施：加强通风，空间喷雾使菇体上有小水珠时，应强制通风，使水珠在 1～2 小时内蒸发掉；必要时，喷洒百病傻500 倍液和黄菇一喷灵 1 000 倍液。该病害的伤害性不大，山东淄博一菇民在类似于地窖的设施中栽培双孢蘑菇，出菇后即发生该病害，去市场售卖只是价格稍低，基本不影响效益。

3. 菌丝不吃料（生理性病害）

（1）菌种退化、老化严重，适应性差，生命力弱。处理措施：更换菌种。

（2）菌种运输中处于 36℃以上高温条件下或经暴晒。处理措施：更换菌种。

（3）基料内有螨类害虫，蚕食菌种菌丝，使菌丝表现不萌发、不吃料。处理措施：使用磷化铝杀灭害虫后，重新播种。

（4）基料内氨气浓度太高，抑制菌种萌发。处理措施：将料抖松，喷 2%石灰水，也可直接喷清水，将氨气带入床基土壤中，同时加强通风，使空间中的氨气随风排出，等正常后重新播种。

4. 菌丝萎缩

（1）基料发酵不匀，料内产热，尤其使用鸡粪时该现象较易发生。处理措施：在床基上翻料，拣出未发酵完全的大团块鸡粪生料。

（2）铺料偏厚，或二次发酵后料温没有降至合适水平。处理措施：进行"抓料"，即将基料松散开，并喷洒清水，同时加强通风。

（3）料内产生氨气。处理措施见上述。

（4）基料或覆土材料含水量偏高，抑制菌丝的正常生长，严重时可发生菌丝自溶现象。处理措施：首先，应加强通风，停止给水；其次，覆土前将料抖松，散发水分，覆土后用木棍打孔至床基以散发水分；最后，棚内放置生石灰等，营造干燥环境。

5. 幼菇死亡　　排除侵染性病害后，主要原因如下：

（1）基料量少，料床太薄，仅10厘米左右，营养严重不足。处理措施：只能临时浇施速效营养，如蘑菇催壮素等，予以补充。

（2）料床过厚，基料产热，致幼菇死亡。处理措施：料面打孔至床基，灌入适量井水，强迫降温。

（3）温度刺激。如初冬突遇"小阳春"，气温达到20℃以上，致棚内闷热，或春季遭遇"倒春寒"，气温突降到10℃以下，导致幼菇死亡。处理措施：注意天气预报，观察并根据经验预测天气变化，及早进行防范。

（4）通气不足。棚内二氧化碳浓度过高，影响子实体的正常发育，该现象尤在冬、春季发生严重。处理措施：保持棚内良好的通风条件，半地下栽培时，可在菇棚上立烟囱至棚底，将棚内二氧化碳通过烟囱抽排出去，换进新鲜空气。

（5）水分过大。基料及覆土层通透性差，氧气供给不足致幼菇死亡。处理措施：加强通风，停止给水。

6. 畸形菇

（1）开伞菇。即硬开伞，幼菇过早开伞，菇民称之为拉膜。主要原因是棚内温差过大、湿度过小，但在近年生产中发现，许多菇民使用老化菌种时，出现硬开伞的概率增加。此外，菌种由于长期不断地保存、转接，造成其生物特性退化，提高了硬开伞发生的概率。处理措施：保持棚温棚湿相对稳定；如菌种生物特性退化，则根本解决的办法是下次栽培更换菌种。

（2）地雷菇。当温度偏低时，双孢蘑菇原基无法在畦面形成，只在覆土层中或料表层形成，子实体长大后钻出土面，周身带土，而且菇体不圆整、表面凹凸不平。主要原因有覆土材料过细、土质偏黏；一次性用水过急过大，使覆土层呈现板结状态。处理措施：适当提高并保持棚温，如覆土材料过细、板结，则应加强通风。

（3）薄皮菇。主要是料床过薄、基料偏生以及棚温偏高等导致薄皮菇的发生。此外，菌种老化、退化也易导致薄皮菇的发生。处理措施：降低棚温并保持温度稳定，料床薄、营养不足时，可适当浇施速效营养液。如属菌种退化问题，则应更换菌种供应单位。

（4）空心菇。主要原因是基料及覆土层含水量偏低，菇体水分蒸发过快，又难以从料内得到补充，轻则使菌柄中部呈疏松状，严重时则使菌柄中空。处理措施：科学合理地为基料及覆土层补充水分，并保持棚内湿度在适当的水平。

（五）虫害防治

主要有螨类、菇蚊、菇蝇危害，咬食菌丝，使幼菇的营养及水分通道被截断而死亡。防治措施如下：

（1）菇蚊、菇蝇。菇蚊、菇蝇很不耐药，喷施氯氰菊酯1 000～1 200倍液即可全部杀灭。

（2）螨类。直接喷洒阿维菌素，应该根据商品药物的含量确定使用浓度，不要机械地以书为据。

（3）蝼蛄、马陆等。应在喷施氯氰菊酯1 000倍液的同时，配合药物诱杀，效果更佳。诱杀方法：将红糖、白酒、食醋、氯氰菊酯、水按 1∶0.5∶0.5∶0.2∶100 的比例溶入 40℃ 热水中，制成糖醋诱杀液，海绵碎块吸足该液，在畦面上间隔 2 米左右放置，可诱杀部分害虫。

（4）菇蚊、菇蝇幼虫。对于藏匿在料内不出来的菇蚊、菇蝇幼虫等，用磷化铝熏杀。

温 馨 提 示

> 使用磷化铝时，要注意 3 点：第一，注意人身安全；第二，菇床先覆盖塑料膜再投药；第三，检测双孢蘑菇子实体药物残留量是否在安全范围内，若超出安全范围则不得进入市场。磷化铝熏蒸的产品不允许作为出口产品。

（六）注意要点

第一，防重于治；第二，时刻留心，不要有"等、靠、要"的懒惰思维和无所谓的态度；第三，防治到位，当季生产获得理想效益，也为下一年生产打下基础；第四，杀灭杂菌、害虫的根本在于及时发现、选对药物、找准时机、一举歼灭，如果错过最佳时机，即使用再多的药物也无济于事，只是在增加生产成本的基础上又污染了环境，造成生产的多重损失。

第二节　草菇

资料显示，我国是最早进行草菇人工栽培的国家，国外虽有栽培，但由于环境、人工等条件的制约，面积、产量等较之我国相差甚远。20 世纪 80 年代以来，我国在农村实行了一些农业改革政策，给草菇的生产奠定了良好的土地基础、人工基础、技术普及基础以及经营基础，使得草菇的栽培面积得以快速增加。我国的草菇产品，自20世纪80年代以来就出口发达国家，尤其受到欧洲国家消费者的广泛青睐。草菇营养丰富、滑嫩鲜美，深受消费者喜爱（图1-1）。

图2-1 草菇

草菇是单纯的高温品种，一般菌株在28℃以下不会分化菇蕾，个别时段26℃时可现蕾，但必须是盛夏季节、基料内温度保持在28℃以上、菌丝已达到成熟状态，而且具有较高的地温基础，如三伏天的台风暴雨气候，气温骤降至26℃以下甚至更低，虽然草菇依然能够正常生长，但这是由于正处于特定的季节和时段，而在反季节室内栽培时，26℃以下不能正常现蕾和生长。

草菇栽培中，我们必须记住草菇的3个特点：

一是适应高温。与灵芝等高温品种相比，草菇要求的温度还要更高，高温型平菇、高温型姬菇以及大杯蕈伞等高温品种，适应的温度都不如草菇高。

二是生长速度超快。草菇是速生型食用菌，从播种到收获仅需10天左右，最长也不会超过15天，最短的4天即有针尖蕾出现，这是任何食用菌品种也不能比拟的"神速"。

三是不耐贮存，早晨采收的鲜菇，10：00左右就开伞了，一旦开伞，就会丧失商品价值。一般的食用菌可以在2～4℃低温下暂时贮存，如香菇可以贮存1周，金针菇可以贮存10天左右，平菇可以贮存5天左右，但是，如果在该低温条件下贮存草菇，仅需一夜，草菇即析出黄水，丧失食用价值。当然，本书中所说的，不包括使用化学药物进行处理的草菇鲜菇。使用化学药物处理的草菇鲜菇可以短期贮存，一般3天内不会出现破苞、开伞以及析出黄水等现象。但是，如果环境湿度低，会有表面皱缩等情况发生，并且，我们不提倡使用化学药物来处理任何品种的食用菌，相关标准允许的不在此列。

一、废弃物原料的选择

草菇属草腐菌，因此，栽培基料应该是半腐熟或腐熟的，基本原料应为软质或偏软质的，如麦秸、稻秸、花生壳、玉米秸、玉米芯以及部分加工业副产品，如木糖渣、甘蔗渣、废棉渣、沼渣等。甚至，在腐烂的泡桐树桩上也可以长出野生草菇。本研究团队在济南郊区某村委大院内曾经采到一株较大的草菇，其着生基质就是数年前伐掉泡桐树后遗留的树桩，根据该现象进行类似试验，虽然效果不是很理想，但毕竟已经脱出"草菇栽培必须使用软质秸秆"的理论圈子了，无疑为草菇的栽培开辟了一条新的资源渠道，拓宽了原料来源。此外，某些牲畜粪便如牛粪、羊粪、兔粪以及猪粪等，也是很好的栽培原料，但是，必须经过腐熟处理以及杀虫，以免产热烧死草菇菌丝，或带入害虫，为日后的栽培埋下隐患。

近年来，山东、河北等地大量使用菌渣废料栽培草菇，很多做法已突破原有理论。如将平菇菌渣用于草菇栽培，这在20年前就已经有了，不足为奇；如将设施化栽培金针菇、杏鲍菇的菌渣废料用于草菇栽培，原料多为木屑类，并且经过了灭菌和菌丝分解处理，算是参考了"平菇菌渣废料利用"的先例，也不足为奇；近两年利用双孢蘑菇废料进行草菇栽培，算是一个突破，突破点在于草菇与双孢蘑菇均为草腐菌，加之双孢蘑菇生产周期较长，基料营养大多消耗殆尽，草菇何以为生？何以为存？我们认为，要达到二次利用的目的，必须将基料进行营养化处理，即适量加入部分营养成分，尤其是速效营养成分，以满足草菇生长速度快、偏重于需要速效营养的生物学特性，或者采用追肥等措施，将营养物质追施到基料中，但一定要使营养物质进入基料深处，而不要仅停留在基料表面，以免诱发病虫害。

二、生产配方的设计

（一）配方的设计原则

配方的设计，应遵循科学、满足相关需要又不浪费的基本原则。具体实践中，应按照"基料营养全面、均衡"的技术原则，根据原、辅材料的营养成分进行配料。若按照传统的生产方法，则应注意适当增加有机营养。

（二）基本配方

1. 以棉籽壳为主料的基本配方 棉籽壳 250 千克，复合肥 2.5 千克，石灰粉 5 千克，石膏粉 5 千克，食用菌三维营养精素 120 克。顺季栽培时，还应加入 150 克赛百 09，以杀灭基料中的病原菌。如果生产条件比较恶劣，还可在基料中加入适量阿维菌素，以防治虫害。

2. 以玉米芯为主料的基本配方 玉米芯 225 千克，麦麸 25 千克，豆饼粉 4 千克，复合肥 3 千克，石灰粉 10 千克，石膏粉 5 千克，食用菌三维营养精素 120 克，赛百 09 药物 150 克。由于玉米芯资源较多，价格偏低，一般市场价格为棉籽壳的 1/3～1/2，且玉米芯用于栽培，生物学效率并不比棉籽壳低，因此，生产效益就会有较大保障。

3. 以麦秸（或稻秸）为主料的基本配方 麦秸（或稻秸）200 千克，麦麸 50 千克，石灰粉 10 千克，石膏粉 5 千克，复合肥 3 千克，食用菌三维营养精素 120 克，赛百 09 药物 150 克。使用前先在秸秆中加入 5 千克石灰粉进行浸泡处理，以打开其表面蜡质层，便于秸秆充分吸水。完成拌料后再加入食用菌三维营养精素拌匀，然后在畦床上铺料播种。截至目前，采用该配方的栽培仍占较大比例，至少占到 40%以上。

4. 以豆秸粉为主料的基本配方　豆秸粉 200 千克，玉米芯 50 千克，石灰粉 10 千克，石膏粉 5 千克，食用菌三维营养精素 120 克。该配方中加入玉米芯有利于通气，如果豆秸粉粒度合适，不会影响基料的通透性，则不必加入玉米芯。基料的处理可参考以麦秸（或稻秸）为主料的基本配方。

5. 以废棉为主料的基本配方　废棉 130 千克，玉米芯 100 千克，麦麸 20 千克，豆饼粉 3 千克，尿素 2 千克，过磷酸钙 5 千克，石灰粉 8 千克，石膏粉 5 千克，食用菌三维营养精素 120 克，赛百 09 药物 150 克。废棉原料的优势很明显，具有较高的营养价值，且没有了硬质的皮壳，其营养价值比棉籽壳还要高。该配方中，玉米芯的主要作用就是增加通透性。

6. 以蔗渣为主料的基本配方　蔗渣 220 千克，麦麸 30 千克，豆饼粉 5 千克，复合肥 3 千克，石灰粉 10 千克，石膏粉 5 千克，食用菌三维营养精素 120 克，赛百 09 药物 150 克。蔗渣原料的最大优势在于其产出集中、量多价低，可以降低生产成本，从而可以相应地增加生产效益。

7. 以粪草为主料的基本配方　麦秸、稻秸各 80 千克，牛粪粉 90 千克，复合肥 2 千克，石灰粉 10 千克，石膏粉 5 千克，食用菌三维营养精素 120 克。该配方的主要优势有 3 个：第一，有机营养多，可满足草菇菌丝生长的需要；第二，原料易得，多是农村的生物源废弃物，弃之污染环境，用之创造价值，充分利用之后，对于改善农村居住条件、美化环境、改善空气质量都有好处；第三，成本低，可以获得较为理想的生产效益和社会效益。该配方适合草菇栽培散户使用，不可以在设施化商品生产中应用，主要原因之一是粪肥的臭味难以处理，即使加入除臭剂，也难解其固有的臭味。

8. 以沼渣为主料的基本配方　沼渣 150 千克，玉米芯 100 千克，石灰粉 10 千克，石膏粉 5 千克，复合肥 1 千克，食用菌三维营养精素 120 克，赛百 09 药物 150 克。

以沼渣为原料的优势主要有 3 个：第一，营养物质较多，养分很全面，可以为草菇菌丝提供良好的物质基础；第二，经过长时间的厌氧发酵，原料的组织结构已被打开，有利于草菇菌丝的生长；第三，沼渣内的病原菌已在发酵过程中被杀灭，害虫及其虫卵等亦被全部杀灭，因此，不存在原料携带病虫害的问题。

9. 以菌渣为主料的基本配方 菌渣废料 150 千克，玉米芯 80 千克，麦麸 20 千克，豆饼粉 4 千克，复合肥 3 千克，石灰粉 8 千克，石膏粉 5 千克，食用菌三维营养精素 120 克，赛百 09 药物 150 克。本书所指菌渣，多为平菇的生料或发酵料菌渣，也包括顺季栽培的茶树菇、猴头菇、秀珍菇、黑木耳等的熟料菌渣，很多设施化栽培的杏鲍菇、金针菇、真姬菇等的熟料菌渣亦包含在内，但不包括鸡腿菇、双孢蘑菇、金福菇等草腐菌菌渣。

近年来山东地区兴起"整玉米芯栽培草菇技术"，无须对玉米芯进行粉碎加工，可直接进行栽培，取得了骄人的效果。基本操作是：整玉米芯下池，按 5% 比例撒石灰粉后，灌水没过玉米芯，根据温度浸泡 5 天左右，捞出冲水后，拌入常量麦麸、石膏粉，直接铺料播种并覆土。该操作可以获得 40% 及以上的生物学效率，因此，具备销售和加工条件的单位或个人可以进行规模化发展。

三、栽培管理技术

（一）栽培模式

草菇对温度以外的其他环境条件适应性比较广，所以，可以适应多种栽培模式，并且均可获得理想的生产效果。

1. 大棚单层栽培模式 其基本形式就是在地面上直接修建畦床，然后铺料播种，单层栽培。该种模式的生产优势有 2 个：一是菇棚内具有广阔的活动空间，方便生产者操作；二是由于投料量少、生物量小、出菇量小，因此，不存在通风不良、基料产热等问题，管理简便。

2. 小拱棚栽培模式　就是在室外修建宽 1.2～1.6 米的龟背形菌畦，铺料播种并覆土后，在菌畦两边插入竹弓片，上覆塑料膜，即为小拱棚。也可先行插入竹弓片并覆膜后再铺料播种，但因插入竹弓不方便铺料、播种以及覆土等操作，故多在播种覆土后再插入竹弓片并覆膜。该种模式的主要优势：第一，无须修建大棚等设施，菌畦修建很简单，栽培结束后的土地随时可以转作他用；第二，小拱棚可以建于树林中、沟里、墙边等，不拘长短，无须占用一块完整的土地；第三，具有天然的供氧条件，无须进行通风等管理。

3. 室内层架栽培模式　就是利用栽培架在室内进行栽培的生产模式，生产上可根据自身条件，设置 4～8 层或更多层的栽培架，架宽 1～1.2 米，层高约 40 厘米，方便铺料、播种等操作即可。该种模式适合反季节栽培，其主要优势就是能够充分利用设施空间，最大限度地整合资源，单位重量的菇品所需人工成本相对较低，适合现代社会条件下的商品化生产。

4. 新型栽培模式

（1）方格栽培。以大棚单层栽培模式或小拱棚栽培模式为基础，在铺料时使用土坯、砖瓦或散土将之隔开成为方块状，如畦宽 1.2 米，则铺料达到 1～1.2 米时用土隔开，留有一个隔离带，然后继续铺料，如此便成了一个个的栽培方块区。该种方法的主要优势就是减少或杜绝了基料发热的问题，尤其使用散土隔离的，隔离带上出菇数量较多，充分体现了草菇的"边际效应"，并且减少了 15% 左右的投料量，减少了一部分直接成本。

（2）波浪式栽培。以大棚单层栽培模式或小拱棚栽培模式为基础，在铺料时利用铺料厚度形成自然的波浪形。该模式的主要优势就是减少了约 15% 的投料量，并且在总产量不减少的前提下，具有一定的观赏价值。

（3）小块式栽培。当地形条件不适宜修建菇棚或小拱棚时，按照见缝插针的栽培要求，采用小块式投料栽培模式，小块可能不足1米²，较大的也仅有数平方米，特别适合山高坡陡、土地资源紧张的地区采用。该模式的主要优势就是根据地形地貌，充分利用林地资源进行仿野生栽培，不占用耕地面积，不存在与粮争地的问题，并且剩余的菌渣废料又可为林木的生长提供较好的有机营养，一举多得。

（二）覆土材料

草菇栽培中，除架式袋栽模式外，其他栽培模式均需覆土。覆土材料有很多，具体可参考第二章第一节中的相关内容。

（三）播种及管理

基本操作程序如下：

1. 基料检查　采用发酵料栽培时，确认完成发酵后，即可将基料摊开，在降温的同时，认真检查并调整下述内容：

（1）基料pH。调整pH至8左右，不要超过9，即使环境条件非常恶劣，pH也应该保持在9及以下，不要超过10。一些菇民在咨询过程中往往说草菇喜强碱，这话不准确。草菇属于耐碱性品种，可以忍耐较高pH，比如在pH达到12的情况下仍可顽强生长，但这并不代表草菇喜强碱。

（2）是否有虫害。包括害虫活体以及虫卵等，尤其要仔细检查螨类以及菇蚊（蝇）的幼虫，发现有活体存在，随即使用磷化铝熏蒸，约3小时即可全部杀死。

（3）是否有杂菌。无论何种杂菌，包括木霉菌、黄曲霉、毛霉等，均应单独进行杀菌处理。在发酵料堆的高温区域内，上述种类的杂菌是不可能存活的，但很可能在料堆表面或者底部周边发生，因此在摊料时即应认真观察，发现杂菌及时杀灭。

（4）基料水分。一般情况下，可将基料含水量调整至68％左右。如果是单层栽培，基料直接接触地面，基料含水量调至70％

以上也可以。

（5）基料温度。一般将料温降至棚温水平后即可播种，有条件时，最好降至 30℃ 及以下。在任何情况下，都不允许播种时的料温高于 36℃。如果起始料温偏高，则将导致大量鬼伞发生，引发其他病害，甚至导致"烧菌"等后果。

2. 铺料播种

（1）平面式。大棚单层栽培、反季节栽培、小拱棚栽培、树荫下栽培等，多为平面式铺料播种。基本操作是（如 3 种 2 料）在畦床上撒播菌种，用量约为菌种总量的 30%，上铺约 15 厘米厚的料，再撒播一层菌种，用量同前，再铺 15 厘米厚的料后，将料面稍整平，将其余菌种采取穴播、撒播结合的方法，全部播于料面，随之压实并整平料面。

（2）波浪式。与平面式不同的是，在畦床上第一次撒播菌种并铺料，再撒播一层菌种后，第二次铺料即每隔 30 厘米铺长 30～40 厘米的料带，然后在新铺料上进行第三次播种，最终料面呈小波浪形，即成小波浪料床。若第一次就间隔铺料，则播种后即成大波浪料床。两种形式各有千秋，各有利弊。

（3）方块式。即完成播种后的料床每隔 50 厘米左右成为一独立的小料床，该种方式尤其适合畦式栽培，具体铺料、播种等操作同上。

3. 覆土操作　覆土有多种方法，生产中主要采用下述 3 种：

（1）播种后直接覆土。播种后当即覆土，最大的弊端是料床通气性差，发菌速度慢。但是优势也很明显，由于覆土材料的屏障作用，最大程度保证了基料不再直接接受杂菌的侵染，并且对于基料的保水、保温等具有明显的益处。

（2）完成发菌后覆土。当草菇菌丝基本吃透基料时，即可进行覆土。该种方式最大的优势是覆土材料基本不妨碍基料发菌，可明显缩短基料的发菌时间。但是覆土后，仍有草菇菌丝向覆土层发菌的问题。并且此时进行覆土处理，覆土材料的含水量较难掌握：补水不足将损失基料，使料表失去大量水分，即使及时补水，对菌丝也有不可避免的损伤；补水过量则可能使水渗滴到料内，严重时导致菌丝自溶，且土壤质地黏，既无法整理床面，又易使土壤板结，影响后期正常出菇。

（3）二次覆土法。播种后直接覆土厚1～2厘米，2～3天后，当表面有草菇菌丝露出时，再覆1～2厘米厚。该种方式最大程度地集中了上述两种方式的优势，但也存在不易操作、时机不好掌握以及费工费力等诸多不足。

（四）发菌管理

1. 通气管理　发菌期间做好通气管理十分重要。草菇菌丝的生长速度越快，对新鲜空气的需要量也就越大，因此，通风换气是发菌阶段首要的任务之一。播种后的第二天即应进行通风，尤其是室内架式立体栽培模式，更要及时通风，可于每天早上、晚间气温较低时掀开床架上的塑料膜，保持1小时左右即可满足。小拱棚类栽培模式，可于播种第二天晚间掀开并轻抖塑料膜，使废气很快排出，在架起拱棚前，每天2次掀开并轻抖塑料膜，直至现蕾。发菌空间越大，氧气越充足。

2. 温度管理　盛夏季节，尤其采用小拱棚露天栽培时，受外界温度的影响很直接，在狭小的空间内，温度随气温的变化而变化，高时可超过40℃，对发菌极其不利，严重时会使菌丝萎缩、死亡。除采取加强覆盖等措施外，每天10：00—15：00向草苫等覆盖物上喷水，是很有必要且非常有效的。如果能保持畦床表面温度在32℃以下、棚温在35℃以下，对发菌将是非常有利的。反季节设施化栽培模式便于控温操作，基本不存在高温烧菌等问题。

3. 水分管理　该阶段的水分管理重点就是空气相对湿度，有条件进行调控时，以70%左右为好，但由于该阶段已经进入雨季，尤其是南方各地，梅雨季空气相对湿度居高不下，是不太可能单独处理食用菌栽培棚的，但应注意必须要加强通风。

4. 光照管理　发菌阶段要求避光，室内栽培避光操作简单一些，大棚或小拱棚栽培应覆盖草苫，不得有光直射菌床。

（五）出菇管理

1. 催蕾　草菇的菌丝和子实体生长速度极快，当菌丝布满畦面后，打开塑料膜稍通风，就能达到拉大温差和湿差的双重目的了，增加光照度，或者延长光照时间，现蕾速度将会更快。当发现畦面上有大量草菇菌丝后，于夜间通风，在增加氧气的同时拉大温差，对于刺激现蕾很有作用。

2. 温度管理　就是夜间将棚膜掀开，室内栽培时，夜间或阴雨天打开通风孔或门窗，即可实现管理的目的。设施化栽培时，采取控温措施即可。

3. 湿度管理　通过采取拉开塑料膜或打开通风口等措施，即可顺利实现湿差刺激。要点：棚内空气相对湿度不可低于70%。

4. 通风管理　打开菇棚塑料膜底部约40厘米高度即可，室内栽培的打开通风孔或门窗，小拱棚栽培最简单，直接将两边的塑料膜掀上去20厘米即可。

5. 光照管理　畦面布满菌丝后，结合夜间通风等措施，在夜间开灯，延长光照时间，翌日恢复正常管理即可。

6. 蕾期管理　蕾期需要注意的问题有两个：第一个是温差不要过大，自然就好；第二个就是通风问题，通风是必要的，但不得通大风，棚内空气相对湿度以90%左右为宜，但室外的空气相对湿度变数太大，不好掌控，所以，尽量保持在80%以上，短时的饱和也是允许的。

7. 幼菇期管理　该阶段的管理重点与蕾期相同。各项管理指标以重要程度排序，即温度、通风、湿度、病虫害防治。

8. 成菇期管理　与蕾期和幼菇期相比，管理可以适当粗放一点，但还是以精细管理为佳。各项管理指标以重要程度排序，即通风、湿度、病虫害防治。

9. 采收标准 草菇必须适时采收，具备以下特征时即应抓紧采收：菇体色泽由深变浅，基部与顶尖部位的色泽差别明显；顶部逐渐变尖（有的品种或菌株不明显），自然流畅，包被紧实；手感较紧实，不存在中部空腔的现象。如果出现包被破裂、中部空腔等现象，说明采收已经偏晚，应赶紧采收，并及时处理。

10. 收获要点 草菇收获要点有两个：

第一，不要采大留小。草菇栽培覆土偏薄，加之草菇的菌丝偏弱，一丛子实体发生较多，而大菇着生于菇丛中部位置时，采大菇时无论怎么小心都会晃动整丛的基础，采后的小菇不再继续生长，而会逐渐萎缩。

第二，采收时间掌握一早一晚，尽量采嫩。草菇的采收，一天内至少两次，安排在 5：00、18：00 或更晚一些。并且每次采收时，应在掌握适时采收的基础上采嫩。比如，适时采收为 7 分熟，实际采收时应将 5、6 分熟的一并采收，以避免下次采收前的时间内，这些 5、6 分熟的子实体老化开伞，丧失商品价值。

以上生产操作，适合小规模或散户栽培时采用，反季节或规模化、设施化、工厂化生产请不要盲目照搬。

（六）草菇栽培的特殊问题

1. 菌株的选择 草菇的菌株很多，主要区别特征有两个：一个是个头，即大型和小型；另一个是菇体色泽，如不特别说明，我们所说的草菇应为鼠灰色。

2. 大型菌株 个头巨大，特别诱人，尤其适合鲜销或烘干，但不适合制罐等加工。

3. 小型菌株 该类菌株的特点就是发生菇蕾多，成活率高，子实体以小型者居多，如遇温度偏低的天气，菇体会稍大一些，但也难与大型菌株相比。

4. 草菇保鲜加工 由于草菇不能低温贮存，所以草菇保鲜较难。经过各方努力，现在终于较好地解决了该问题（排除化学保鲜等手段）。

（1）矿泉水保鲜。将新鲜草菇装入网袋中，既能控制菇体活动，又不妨碍透水。然后将网袋放入泡沫箱底，加以固定以防浮起。灌入 20℃ 左右的矿泉水，没过草菇 10 厘米左右，常温静置即可。

（2）食盐水保鲜。配制浓度为 10% 左右的食盐水，参考矿泉水保鲜的方法将草菇投入后，没过 10 厘米左右，可以保鲜 2 天左右。

（3）速冻加工。将新鲜草菇削净并进行清洗，然后按照每菜（或每餐）所用数量装入塑料袋，比如家庭可按 300～400 克（每餐）定量进行包装，酒店可按 500 克左右（每盘菜）进行包装，食堂根据就餐人数或每菜的用量进行包装，然后放入速冻室即时冷冻。速冻的草菇外形不错，商品性极佳。

（4）盐渍加工。盐渍前必须对鲜菇进行分级，以便盐渍加工的顺利进行。对于较大的菇体，应切开后盐渍，以保障盐渍品的质量。

（5）烘干加工。烘干加工注意两点：第一，选较大的子实体，剖开但不切断，留下包被以便重合；第二，剖面朝上排列于烘干筛子上。

（6）罐头加工。20 世纪 90 年代以前，草菇罐头十分畅销。但由于南菇北移，草菇鲜品越来越多，加之罐头价格居高不下，所以被逐渐冷落。

四、病虫害防治技术

（一）杂菌的防治
具体可参考第一章第一节相关内容。

（二）病害的防治

1. 菌丝萎缩 根据发生原因进行防治：

（1）菌种老化、退化，菌丝失去活力。处理措施：基料正常的，可及时补播新菌种，下批更换菌种，有条件的情况下尽量使用脱毒菌种。

（2）基料偏干，含水量低于 50%。处理措施：及时在畦床上打孔补水。

（3）基料过湿，含水量高于 75%。处理措施：采取"撬料"措施，使用抓钩类工具将料床抓松，使之通风、排湿，含水量合适后，再重新压实、覆土即可。

（4）通气不良，二氧化碳浓度过高。处理措施：加强通风，必要时采取强制通风措施。

（5）营养严重不足，尤其采收第一潮菇后，营养物质无法满足菌丝需要。处理措施：适当采取"撬料"措施后，用食用菌三维营养精素混合液浇灌料面，每平方米用量可根据基料营养及水分状况灵活确定，一般应在 3～5 千克。浇施后及时用清水喷洒料面，将营养物质镇压到覆土层以下。

2. 退菌 根据发生原因进行防治：

（1）覆土层水分渗入基料。处理措施：及时"撬料"，同时加强通风。

（2）菌种老化、退化。处理措施：更换菌种。

（3）发生虫害。处理措施：畦面投放磷化铝，覆盖足够宽大的塑料膜，4～6 小时后即可将害虫全部杀死，然后即可进行清料。

（4）死菇。多为真菌性病害导致。处理措施：清理死菇后，随即将覆土一同清出棚外，深埋处理，对料面喷洒 200 倍赛百 09 后，重新覆土。

（5）烂菇。多为细菌性病害。处理措施：将烂菇连同覆土一起清出棚外，对料面喷洒百病傻 400 倍液，重新覆土。

（6）小菌核病。属于子囊菌引起的病害。处理措施：参考烂菇用药处理，控制蔓延。发生严重时，清理菇床，先在基料上喷洒多菌灵500倍液，再运出棚外，撒施石灰粉后，建起料堆并覆土，30天后即可作为有机肥料用于蔬菜生产。

3. 肚脐菇　加强通风，降低二氧化碳浓度，不必用药；属机械性损伤时，应小心管理。

4. 早开伞　认真检查并分析原因，然后对症下药，如果是基料含水量偏低，则应及时补水；如果是基料营养不足，则应在补水的同时补充营养。有时棚温过高极易发生该现象，应当采取降温措施。空气相对湿度过低时，则应加大喷水量，采用增湿措施。

（三）虫害的防治

夏季多发菇蚊、菇蝇以及马陆等虫害，防治措施可参考第一章第一节相关内容。

第三节　金福菇

金福菇，又称洛巴口蘑、大口蘑等，属典型的高温品种。菌丝生长阶段的适宜温度为15～36℃，以26～30℃为最佳；子实体生长阶段适宜温度为20～35℃，以25～32℃为最佳。金福菇主要有以下典型特点：

1. 口味极佳　子实体肥厚、嫩白，味微甜，脆嫩，鲜美程度可与草菇相媲美。

2. 适温性强　在一定温度范围内，温度越高，子实体越舒展，形态优美，诱人食欲。

3. 要求温度稳定　温差要小，保持在5～7℃为宜，不可过大。

4. 覆土出菇　该品种必须覆土出菇。

5. 生物学效率高　一般生物学效率约为70%，较草菇等食用菌要高得多。

金福菇能够被消费者青睐的主要原因是口味鲜美异常，尤其在夏季市场上食用菌品种稀少时更为难得。

一、废弃物原料的选择

金福菇属于草腐菌，因此，偏软质的秸秆可作为其栽培原料。草腐菌在栽培时可以使用粪肥原料，如牛粪、鸡粪等。但在工厂化（设施化）生产中，由于粪肥的臭味，一般是不允许使用粪肥原料的。各地应本着资源多、价格低等原则选择原料。

（一）南方地区的资源

农业废弃物如稻秸、稻壳、油菜秸秆、甘蔗顶梢、蔗渣等均可使用。一些涉农废弃物如果皮、果核等亦可利用。

1. 稻秸 由于稻秸具有蜡质层，所以使用前应采用石灰进行喷淋或浸泡，以尽快打开蜡质层，便于食用菌菌丝分解利用。

2. 稻壳 与稻秸的性质极其相似，但质地偏硬。

3. 油菜秸秆 应铡碎后碾压或直接打碎成粉，最大颗粒在2~3厘米即可，根据生产规模确定。

4. 甘蔗顶梢 趁鲜将其打碎后晒干，便于贮藏。

5. 蔗渣 甘蔗榨糖后的残渣，该类资源比较集中，应尽快晒干或烘干，不可以随便堆放，一方面是因为污染环境，另一方面是污染后的原料再用于栽培的话，将会产生不利的结果。

6. 果皮 与蔗渣相比，果皮含水量偏高，应尽快干燥处理。

南方地区栽培食用菌，多年来也已习惯于从北方购进原料，如棉籽壳、废棉和玉米芯等。

（二）北方地区的资源

1. 棉籽壳 棉籽壳营养全面丰富，碳氮比较为适宜，可为金福菇菌丝和子实体生长提供良好的营养基础。并且棉籽壳颗粒均匀、适中，通透性好，尤其适宜金福菇菌丝发育。棉籽壳质地相对偏硬，可以被菌丝长时间分解，并支撑菇床不易塌陷。但是近十几年来，棉籽壳越来越少，价格上涨厉害，导致生产成本居高不下，故现在多改用其他原料了。

2. 废棉渣　其营养价值与棉籽壳相似，但是其通透性较差，所以很多生产者不选择。但又因其营养价值较高，吸水、保水、持水性能优于其他原料，故也有很多人青睐。据调研，该原料的价格与棉籽壳差不多。

3. 玉米芯　这是多年来被广大生产者认可的原料之一，持水性强，和棉籽壳合理搭配可以获得理想的栽培效果。

4. 豆秸粉　该原料含氮量较高，设计配方时应减掉相当比例的有机氮和无机氮，并在发酵处理过程中采取适当措施，使其所含氮元素得以最大限度地保留，并且发酵处理要到位，否则，发生"发热"等问题时难以处理。

5. 玉米秸秆　这是北方地区最丰富的秸秆资源，但因其具有营养价值低、质地疏松、使用后菇床易塌陷等问题，导致很多人不太愿意选择它。其实，只要配方合理、处理得当，作为一种资源，玉米秸秆是可以为我们的食用菌产业作出贡献的。

此外，北方地区尚有高粱、谷子、荞麦、芝麻等作物的秸秆可利用，但由于数量原因，不成资源，故不一一介绍。

二、生产配方的设计

(一) 稻秸主料

稻秸 180 千克，棉籽壳 45 千克，麦麸 25 千克，豆饼粉 3 千克，复合肥 3 千克，石灰粉 10 千克，石膏粉 3 千克，食用菌三维营养精素 120 克。配方中石灰粉的 50%，用于前期稻秸的淋水、浸泡，以使之尽快打开蜡质层。

该配方的最大优势是充分利用了秸秆资源，与稻秸编织等利用方法相比，产出的效益更高，具有较深的社会意义。

（二）废棉主料

废棉 130 千克，玉米芯 100 千克，麦麸 20 千克，豆饼粉 3 千克，复合肥 3 千克，石灰粉 8 千克，石膏粉 5 千克，食用菌三维营养精素 120 克。该配方中必须加入较大颗粒的玉米芯原料，以增强基质的通气性。

该配方的最大优势是主要原料的营养价值高并且持水性强，基本可以保证出菇期间子实体不会因缺水而产生问题。

（三）蔗渣主料

蔗渣 150 千克，玉米芯 70 千克，麦麸 30 千克，豆饼粉 5 千克，复合肥 3 千克，石灰粉 10 千克，石膏粉 5 千克，食用菌三维营养精素 120 克。蔗渣原料体积大，数量多，容易晒干贮存，其作为原料生产成本低，从而可以相应地增加生产效益。

（四）菌渣主料

菌渣 150 千克，玉米芯 40 千克，棉籽壳 30 千克，麦麸 30 千克，豆饼粉 5 千克，复合肥 3 千克，石灰粉 10 千克，石膏粉 5 千克，食用菌三维营养精素 120 克。菌渣的前身应为棉籽壳、废棉以及豆秸等，可以适当掺混一定比例偏大的玉米芯颗粒等，而不得使用木屑类原料，更不得使用木糖渣，否则将无法达到理想的生产效果。

（五）玉米芯主料

玉米芯 200 千克，麦麸 50 千克，复合肥 3 千克，石灰粉 12 千克，石膏粉 5 千克，食用菌三维营养精素 120 克，赛百 09 药物 150 克。

（六）棉籽壳主料

棉籽壳 230 千克，麦麸 20 千克，复合肥 2.5 千克，石灰粉 5 千克，石膏粉 5 千克，食用菌三维营养精素 120 克。这是金福菇生产中最简单的配方，主要得益于主要原料的营养丰富，并且棉籽壳颗粒均匀、适中，通透性好，尤其适合金福菇菌丝发育。棉籽壳硬度较大，可以供菌丝分解较长时间，还可以支撑料床。

（七）豆秸粉主料

豆秸粉 200 千克，玉米芯 50 千克，石灰粉 10 千克，石膏粉 5 千克，食用菌三维营养精素 120 克，赛百 09 药物 150 克。豆秸粉的主要优势是含氮量高，并且质地软硬适中、便于处理、适宜栽培。但是，因其含氮量偏高，故实际生产中往往会发生两大问题：一是基质发热，这是发酵不规范和菌棒管理不规范所致；二是基质内存有一定量的氨气，影响金福菇菌丝的正常生长发育，这是发酵不规范所致，发生该问题后不仅抑制菌丝生长，而且原料所含氮元素会大量损失，导致生产效果不理想。

（八）粪肥

如果小规模生产金福菇，可以采用粪肥作为原料。粪肥的处理方式有两种：一种是晒干、磨成粉，如牛粪、马粪、羊粪、兔粪、猪粪等；另一种是晒干后发酵、磨成粉，如鸡粪、鸭粪等。鸡鸭等家禽的粪便具有恶臭味，因此，必须将之晒干后再加水发酵，稍具规模的生产者应在粪便中加入生物发酵剂进行发酵，除臭、分解的效果会更好一些。

具体的粪肥处理及使用方法，请参考第一章第一节相关内容。

三、栽培管理技术

（一）基本栽培模式

1. 铺料直播覆土　这是指畦床直接铺料播种的栽培模式，按照一料二种、二料二种或二料三种方式完成播种后，将覆土材料一次性覆于料床上，即为直接覆土。覆土后整平料（畦）面，以便于喷水和出菇等管理。

直播覆土分为一次性覆土和二次覆土。前者是播种后一次性完成覆土，覆土材料达到规定的厚度，此后即浇水，浇透覆土材料并整平畦面后，覆盖遮阳物。后者的操作相对复杂，直播后直接覆土 1～2 厘米，覆土材料的最大粒径应在 0.5 厘米左右。覆土后约 10

天，发现土面上有金福菇菌丝后，再进行一次覆土操作，同样覆土厚1～2厘米，覆土材料的直径应在0.3厘米以下。二次覆土所需人工多且费时费力，不适合规模化生产。

2. 菌柱排畦覆土　又称裸棒覆土，将菌棒的塑料膜脱掉，将白色的菌柱间隔3厘米左右立式或卧式排入菌畦，然后用覆土材料覆盖菌柱，厚度达到要求后灌水，整平畦面，然后管理出菇。

菌柱排畦覆土的操作要点：第一，菌柱横排时，应注意用覆土材料填满菌柱底部的空间，不得有"菌株底部左右空间"存在；第二，覆土不要一次性完成，至少应分三步，即覆土后填满空隙并浇水，以免菌柱底部悬空，然后再覆3厘米厚的土并浇水，使土沉实，最后找补性覆土，整平畦面后浇水。

3. 菌袋单袋覆土　先更换塑料袋，将传统的宽16～20厘米改为40厘米或以上；装袋播种需较传统生产提前一个月左右——大规格菌袋发菌缓慢，必须留出足够的时间；解开袋口并尽量撑开，以便向里面倒土；根据覆土材料确定覆土厚度；完成覆土后，即向菌袋里浇水，一般浇透覆土材料即可。个别的可以增加20%～30%的浇水量，算是给基质补水。

单袋覆土的最大优势是适用于多种出菇场所，如大菇棚、小拱棚、河边的树荫下、郁闭度高的林荫地等，尤其适合层架栽培。该模式便于管理，尤其当个别菌袋出现污染或病虫害后，将问题菌袋单独拎出进行处理即可，不会对其他菌袋产生影响。

（二）休闲栽培模式

1. 箱栽金福菇　可以用木箱，也可以用塑料周转箱、水泥浇注成形的栽培池等，有一种泡沫包装箱，城镇居民喜欢将其放在阳台上栽培花草之类的，也可利用，并且效果不错。上述各种容器，均需在底部预留几个孔洞，以便排出多余水分。

2. 盆栽金福菇　一种在箱栽基础上发展而来的模式，其实谈不到模式，只是一个容器的改变而已。但是，盆栽更显优雅和秀气，更容易搬挪。但是，随着容器变小巧，栽培的基质材料必将随之变少，出菇也必然少得多。何去何从，尚需生产者斟酌。

3. 盒栽金福菇 与盆栽大同小异，可用纸盒，纸盒可以定制，其上印上内容，比如金福菇的营养价值、管理方法、菜谱等相关知识，让人们在休闲中管理、在管理中学习、在学习中得到放松。

4. 创意塔金福菇 利用制陶技术，设计出塔形的栽培容器，周身留有若干个孔，发菌期作通气孔，出菇期为出菇孔，因金福菇是白色的，所以容器可为红色，意在形成较强烈的色彩对比。

（三）设施化栽培

大约在21世纪初，该种栽培模式在平菇、姬菇、金针菇等品种的生产中有过应用，一度被誉为"工厂化生产"，随着时间的推移和知识的同化，"工厂化生产"的说法已无市场。我们所说的设施化栽培，就是利用相应的控温设备来实现对栽培环境的湿度、通风以及光照等的调控，还没有实现智能化控制。时至今日，该模式在中小型生产中越来越多地被采用。

（四）出菇管理技术

1. 原基期 金福菇覆土大约20天，畦面有一些直立状的菌丝冒出，畦面不覆盖的，可见星星点点的白点，即为菌丝的尖端，由于受干燥空气的制约，无法长出土面向空中发展，只有就地扭结，即形成原基，虽然数量不多，但却是一个信号——即将出菇。此时即可采取以下措施催蕾：

（1）通风。尤其注意加强夜间的通风，在空气相对湿度不低于50％的地区，可将棚膜掀起，整夜通风。北方地区相对干燥，可掀起不高于10厘米的棚膜通风。装有强制通风设备的应注意设置开机时段，通风时间不可过长，一般视菇棚的面积可以通风1～2小时，其间必须注意观察棚内的湿度变化，一旦达到或低于 75%，即应立即停止通风。

（2）加大温差。通过掀开棚膜、夜间通风等措施，菇棚内的昼夜温差可达 10℃，对于刺激现蕾具有良好的作用。

（3）加大湿差。调控湿差在 30% 左右为好，但要密切观察，一旦出现原基分化迹象，则应恢复 80% 以上的湿度条件。

（4）增加光照时间及光照度。一天中采取"二阳八阴"处理的，遮阳效果占 60%，清晨和傍晚可使遮阳效果降至"四阳六阴"，通过揭盖草苫即可实现。光照度可增强至 500lx 以上，但必须是散射光。

2. 幼蕾期 温差不要过大，自然就好；必须通风，但不得有大风骤然进棚；空气相对湿度以 90% 左右为宜，但室外的空气相对湿度变数太大，不好掌控，所以尽量保持在 80% 以上即可，短时的饱和也是允许的。

3. 幼菇期 可延续幼蕾期的管理，尽量不要放松。

4. 成菇期 成菇期的管理较幼菇期稍粗放一些，但是，重点应由"温水气光"变为"气水温光"，这并不是金福菇的特殊性，而是绝大多数食用菌品种的必然要求，尤其是生长速度快的品种，这种要求更明显。

（五）采后的管理

1. 清理卫生 包括菇根、死菇、带出的基料以及削下的基部等杂物，用覆土材料补平凹陷，整平畦面。

2. 基料补水 可采取给基料插管补水、菌畦两边开沟补水等多种方式，令基料的含水量恢复至出菇前的水平，甚至略有超过也可。补水的同时可以加入适量速效营养，比如使用食用菌三维营养精素混合液等，很有必要，而且效果显著。

3. 降湿通风 通风 3 天左右，使菇棚湿度降至 60% 左右，此后保持微弱通风即可。

采后应令菌丝休养，所以出菇场所应保持避光状态，直至再次进入出菇管理期。

四、保持金福菇绿色生产的基础

这是个很严肃的话题，根据本研究团队三十多年的食用菌研究经验，简略概括如下：

1. 保持环境的绿色　金福菇生产场所周边 2 千米内，没有化工厂、垃圾场、粪肥场、养殖场以及煤场等产生病菌、气味以及粉尘的污染源。

2. 保证基料的绿色　采购原料时，应重点考虑来源，基料的配制，除添加少量速效营养物质外，不得添加任何杀菌、杀虫的化学药物。

3. 保证出菇管理阶段的绿色　该阶段应为绿色生产重点中的重点，本研究团队一贯要求出菇阶段不得喷洒任何化学药物，更不能对子实体直接用药。即使是潮间预防用药，也必须选用高效低毒低残或无残留药物，需符合《食用菌生产技术规范》（NY/T 2375—2013）、《绿色食品　食用菌》（NY/T 749—2023）等国家相关标准的规定。

4. 保证贮运环节的绿色　在贮存阶段，个别人喜欢使用甚至超量使用一些增白剂、保鲜剂等化学药物，使本来绿色或无公害的菇品突变为有害食品甚至是毒食品，我国北京、大连、深圳以及徐州等地屡屡发生的"强制食用菌产品下架"事件一再给食用菌界敲响警钟。呼吁广大从业者：让我们的产品保持绿色，恢复食用菌在人们心目中的地位和形象！

第四节　大球盖菇

大球盖菇，属于珍稀品种中的中温菌，其子实体生长温度范围为 4～30℃，适宜温度为 12～16℃，适宜春秋两季出菇。该品种是联合国粮食及农业组织向发展中国家推荐栽培的食用菌品种之一，也是欧美许多国家进行人工栽培的重要品种。由于科技的力量，大球盖菇已经走下"高档珍稀"的神坛，步入了平民百姓家。近几年来，我国的大球盖菇栽培面积呈突飞猛进之势。种植生产热加上市场售价曾达 60 元/千克，并且零售商纷纷争货，更使菇农生产热情高涨，个别地方的生产目标一再突破，有些原来繁殖苗木的、搞养殖的、做印刷的小微企业纷纷加入进来，无疑使得市场上的货品猛然多了起来，价格自然也就下降了，但相比有的传统品种，其价格仍在偏高之列，利润仍然比较可观。

大球盖菇有三个典型的特点，分别是：

（1）大球盖菇是相对比较干净的草腐菌，栽培基料中不使用粪肥，也不使用经过长时间发酵处理的腐熟料。栽培大球盖菇所用原料十分简单，只需新鲜、无霉的麦秸、稻秸、玉米芯等原料即可，并且不需要添加太多辅料，只配以适当比例的含氮辅料。

（2）大球盖菇色彩比较艳丽，葡萄酒红色，诱人食欲。

（3）大球盖菇是联合国粮食及农业组织向发展中国家推荐栽培的食用菌品种，可以证明该品种的栽培技术相对简单、用料相对简单。

一、废弃物原料的选择

大球盖菇是一种草腐菌，主要栽培原料为质地偏软的秸秆，如麦秸、稻秸、玉米秸、豆秸等。据资料记载，国内尚有利用葡萄剪枝、芒草、花生秧、花生壳等原料进行栽培的，效果还不错，建议读者朋友在条件允许的时候，用本地资源量较大的农作物副产品和工业废料等进行栽培试验，以拓宽原料来源，助力我国大球盖菇生产良性发展。原料的一般处理方法如下：

麦秸：麦秸可以直接使用，也可以铡段使用，根据情况自行掌握，不必强求统一。就地挖长 20 米、宽 5 米、深 0.5 米的土坑，坑底整平后铺塑料膜，投入 50 千克生石灰或 100 千克石灰粉。然后灌满水，将麦秸在水中浸泡 24 小时后即可捞出。利用石灰水的渗透力将麦秸表面的蜡质层打开，以方便大球盖菇菌丝分解吸收。该水池及石灰水可以反复使用，在补水的时候同步增补石灰就好。

稻秸：处理方法同麦秸。

玉米秸：该原料应铡段使用，以方便操作。

玉米芯：可以整芯使用，也可以采取碾压成条的办法，或者用去掉筛箩的粉碎机打碎成大颗粒。本研究团队认为玉米芯打碎有利于菌丝间的连接，整芯的基质，由于颗粒之间无法紧密结合，稍一动菌丝就会断裂，菌丝断裂后，就等于营养和水分通道被断开，如果此时正在出菇，则子实体就难以继续生长了。原料处理仿麦秸的处理方法，将碎芯在石灰水中浸泡 5～10 小时即可，如果是整芯，则需延长至 12 小时以上。

大豆秸：该原料可以考虑压扁后整株使用，也可以参照玉米芯粉碎成大颗粒，前者适合用叉子进行堆料铺料，后者可以用大锨进行操作。

谷子秸：应该铡段或仿玉米芯粉碎成大颗粒，在石灰水中浸泡 3 小时后即可铺料。

高粱秸：与谷子秸处理方法相同。

油菜秸：与大豆秸处理方法相同。

向日葵秸：与谷子秸处理方法相同。该原料的特殊之处在于秸秆中间的白色穰难以吃水，如果打碎后还好处理一些，只需延长浸泡时间即可。这里注意一个问题，一定不要有未吃透水的干料进入料床。

稻壳：该原料质地稍硬，可以延长浸泡时间。

上述原料均可使用，需要注意三点：第一，原料要新鲜；第二，充分泡透水；第三，不得经过发酵等草腐菌基料的常规处理过程。

二、生产配方的设计

大球盖菇的生产配方，大概是食用菌生产中最简单的配方了。比如以麦秸为主料的配方是：麦秸 200 千克，玉米芯 50 千克，石灰粉 2 千克。

玉米芯是作为配料进入配方的，其作用主要是利于料床通气，有利于发菌。石灰粉不是加入基料中，而是加入水中，麦秸虽然已经在石灰水中浸泡过，但由于麦秸会自然产酸，所以应使用石灰粉进行拌料。

（一）纯草配方

玉米秸 60 千克，玉米芯粉 40 千克，麦麸 10 千克，石膏粉 1 千克，石灰粉 2 千克，调含水量为 70%左右。

稻秸 80 千克，玉米芯粉 20 千克，麦麸 10 千克，石膏粉 1 千克，石灰粉 3 千克，调含水量为 70%左右。

稻壳 60 千克，稻秸 40 千克，麦麸 10 千克，石膏粉 1 千克，石灰粉 3 千克，调含水量为 70%左右。

资料显示，南方某地处理稻秸的方法是：将稻秸浸水 2 天，使之充分吸水软化，然后捞起，让其自然滴水 12～24 小时，含水量达到 70%～75%即可使用。

生产要点：原料要求新鲜、干燥、无淋雨、无霉变，颜色和气味正常。使用前先将玉米秸铡成 5～20 厘米的段，然后用石灰水浸泡 1 天，清水冲洗后沥去多余水分。将石膏粉等辅料提前拌匀，拌料时将之分层撒在料堆中间。调基料含水量达到 70% 左右。

（二）粪草配方

稻壳粪草配方：稻壳 60 千克，稻秸 20 千克，牛粪粉 20 千克，过磷酸钙 2 千克，石膏粉 1 千克，石灰粉 2 千克，调含水量 70% 左右。稻壳、稻秸均应使用石灰水提前浸泡。

玉米秸粪草配方：玉米秸粉 40 千克，玉米芯 20 千克，牛粪粉 20 千克，麦麸 20 千克，过磷酸钙 2 千克，石膏粉 1 千克，石灰粉 2 千克，调含水量 70% 左右。玉米秸、玉米芯应使用石灰水提前浸泡。

菌渣粪草配方：（金针菇或平菇）菌渣 40 千克，玉米芯 30 千克，牛粪粉 20 千克，麦麸 10 千克，过磷酸钙 2 千克，石膏粉 1 千克，石灰粉 2 千克，调含水量 70% 左右。菌渣夫掉塑料膜后打碎，玉米芯提前使用石灰水浸泡。

三、栽培管理技术

（一）栽培模式

1. 畦栽模式　修建深约 10 厘米、宽约 100 厘米的平面菌畦，铺料其中并播种出菇。有的菌畦还可以做成地上畦。地平面以下的菌畦，温度稳定，受环境的影响小，基料水分和畦面的湿度相对较高而且稳定。但是，与地上平畦相比，由于畦面的二氧化碳浓度较高，所以容易发生某些病害。地上畦有便于操作等优势，而且便于观察，但是与地下畦相比，基料水分易流失，畦面温度、湿度受环境的影响大，因此，两种菌畦比较，该种产量偏低。

畦深 10 厘米的，铺料厚超过 11 厘米后，基料就会高于菌畦，注意两边加厚覆土材料，勿使基料裸露。

畦深 20 厘米的，铺料厚度 20 厘米以内的，覆土后基本与地面相平。

平畦栽培的，菌畦两边铺料不要到边，留出10厘米左右，如菌畦宽100厘米的，仅铺料80厘米宽即可。两边的无料空白处加厚覆土材料，使之与基料持平最佳。

畦栽模式，尤其是下挖菌畦，主要优势就是保温、保水性好，并且大球盖菇菌丝还能从土壤中吸收部分营养物质。即使是平畦栽培，也会因为畦床与覆土材料相近，而具有不错的保温保水效果。

该模式的主要问题就是基料容易发热，一旦温度达到或超过40℃，便没有了继续进行生产管理的必要性，虽周边尚有零散出菇，但不足以进行商品化生产了，平畦栽培的情况稍好一些，但也要严格管理、密切观察，一旦发现升温迹象，必须立即采取相应的措施，比如打孔灌水等进行强制降温，以避免生产受损。

2. 棚（室）内架栽模式　就是利用栽培架实现多层栽培的模式，可以最大限度利用设施空间、温度、水分、光照等条件，使生产利益最大化。一般采取4层栽培，也可以设置6层或更多，但是层架越多，管理难度越大，劳动强度越大。

3. 大波浪模式　该模式就是在铺料时利用铺料厚度不同，形成一种自然的波浪形。基本操作是：畦床底部撒一层菌种，均匀铺料厚10厘米左右时，撒第二层菌种，然后间隔20厘米再铺一层长60厘米、厚10厘米的基料，料上再撒一层菌种，利用铺料的厚度调节料床的峰谷高低。基料厚处可达20厘米，谷底仅有10厘米。覆土一定要足量，尤其仅有一层基料的谷底，覆土材料更要厚一些，以便在利用基料营养的基础上，最大限度提高边际效应。

波浪式栽培的最大优势是具有一定观赏性，而且具有相当不错的边际效应，建议推广。其弊端就是铺料的难度较大，必须在熟练操作的基础上，根据菌畦的长短等具体条件设置峰谷的高低。

　　第一，波浪的最高处基料不能过厚，以免生热；第二，最低处不但要覆土，而且应该适当加厚，以使边际效应更好地展现。

　　4. 箱栽模式　所谓箱栽模式，就是利用塑料或木制栽培箱装料出菇的栽培模式。

　　箱栽模式的优势就是无须栽培架就可以实现立体栽培，最大限度地利用栽培空间——这需要通过使用特制的栽培箱达到目的，如果设计合理，还可以实现机械操作，最大限度地减少人工用量和减轻劳动强度。此外，箱栽模式还具有较好的发展前景，比如利用其搬运方便的特点，可以实现家庭栽培，比如在阳台栽培食用菌等。

　　5. 盆栽模式　就是利用栽培盆或普通花盆进行装料播种的栽培模式。栽培盆可以是陶制的，也可以是塑料制品。基本操作：基料处理完成后，装入栽培盆，采取 2 : 1 的料种比进行播种操作，常规发菌后置于偏低温度条件下进行菌丝后熟培养和暂时贮存，一旦出库将会很快出菇。可以通过层架栽培（发菌）实现立体化，尽可能增加单位面积内的投料量，降低生产成本。弊端在于栽培盆不便于机械操作，除非特别设计的栽培盆，否则，只能通过人工进行一系列的管理，人工费用将会大大提高。

　　6. 林下模式　这是大球盖菇近几年的主要栽培模式，就是在林荫下进行栽培，无论畦栽还是沟栽，无论平畦还是阳畦，只要是在树荫下，就可以在夏季利用树木遮阳降温，同时在冬春季又不妨碍利用阳光（个别林木除外），并且充分利用了林木吸碳排氧的特性，刚好与食用菌的吸氧排碳特性互补。近年一些企业转行加入大球盖菇的生产，苗木、果树等企业或合作社具有先天的优势。

（二）栽培覆土

覆土材料主要有以下几种：

1. 草炭土 这是覆土材料的首选，草炭土用途广泛，包括作为食用菌的覆土材料、作为育苗基质等，使用效果理想，但是因为资源稀少、价格较高而少有采用。截至目前，尚未有使用该资源生产大球盖菇的。

草炭土的使用，应该经过筛、暴晒后按比例加水拌匀，喷洒百病傻 500 倍液、氯氰菊酯 1 000 倍液等杀菌杀虫药物后进行堆闷，一般堆闷 7 天后即可随时使用。注意，使用前 1～2 小时摊开散除异味。

2. 腐殖土 一种以高龄树木的林间地表土为主料配制而成的覆土材料，效果较好，但资源有限、不便取土，并且取土的劳动强度较大，费用较高。

腐殖土的应用效果不亚于草炭土，其实际价格也与草炭土不相上下，配制方法分五步：

第一步，高龄树木的林间地表深 3～5 厘米的土层，含有较多松软的枯枝落叶、鸟兽粪便、虫类尸体等有机物，取回后过筛备用。

第二步，按林间腐殖层与大田地表土体积比为（1～2）：1 的比例备足地表土，并将二者混匀。

第三步，适当加水，使含水量达到 35% 左右，建堆发酵。

第四步，发酵 7 天，大翻堆 1 次，翻堆时适量补水，约经 50 天发酵完成。

第五步，摊开料堆，均匀喷入百病傻 500 倍液，拌匀后堆起并覆膜，1 周后可随用随取。

配制腐殖土，关键是有机物要尽量多。注意必须喷洒药物后覆膜堆闷，以保证不会携带病虫进棚。

3. 营养土 一种以普通农田耕作层为主，配以多种有机、无机物经发酵而得的覆土材料，该种材料在 20 世纪 90 年代就曾被使用，效果比较理想。

4. 沼渣土　一种以沼渣和普通土壤配制而成的覆土材料，营养价值较高，疏松度很好，应用效果理想。

5. 沼液营养土　沼液营养土的疏松度尚待解决，但是，只要解决了这个问题，并配以适量的有机物，就可以获得理想的应用效果。

人工配制土的消杀分为两种情况：第一种，如草炭土、腐殖土、沼渣土等，应喷洒百病傻 400 倍液和氯氰菊酯 1 000 倍液各一遍，如果是环境恶劣、病虫基数偏高的地方，翌日或间隔一天应加喷一遍赛百 09 200 倍液；第二种，沼液营养土，使用新鲜沼液直接沤制的营养土，具有相当长一段时间的厌氧发酵过程，其中的病虫基数很低，故喷洒百病傻 500 倍液和氯氰菊酯 1 000 倍液各一遍即可，环境条件较好的地方甚至可以不用药，直接建堆覆膜，等待使用即可。

（三）栽培时间

1. 山东等中东部地区　可于 10—11 月播种，翌年 4 月开始收获，5 月结束，这是越冬型的单季栽培，即每个年度只投一批料栽培。8—9 月播种，10 月至 11 月上中旬完成收获，随即将菌糠清理掉，作为果树或其他经济作物的追肥或基肥，当月继续投料一批，播后进行适当保温，待翌年 3 月进行检查，如果基料含水量低于 55%，则进行一次补水，4 月开始出菇，5 月完成，清料。然后将畦床撒上石灰粉，翻深 20 厘米，使之进入休闲阶段。待 8 月再次修建畦床，准备进行下一年度的生产。这是一年两季的生产。

2. 东北、西北等寒冷地区　只能进行一季越冬栽培。

3. 南方地区　8—12 月均可播种，于翌年 5 月结束收获。最佳采收时间是元旦至春节期间，价格达到全年最高，生产效益理想。如果 1 月前后温度低于 12℃，则应撑起小拱棚利用阳光升温，并于晚间进行保温，争取春节期间应市，获得最高销售价格。

（四）覆土操作

1. 播后一次性覆土　覆土材料的颗粒可掌握在直径 1 厘米以下，基本应掌握 0.6～1 厘米、0.3～0.5 厘米、0.2 厘米以下三种颗粒直径规格的材料各占约 1/3，混匀后一次性在料面上覆厚约 3 厘米，沉实后 2 厘米。草炭土等松散的覆土材料可覆厚 5 厘米左右。覆土后，在 2 天内至少应分 4 次对覆土层喷清水，采取少喷勤喷的方式，既湿透覆土材料，又不落水，具体用水量应根据覆土材料的含水量、床基启用前的灌水情况以及土质、气候等具体条件而定。可在覆土前后各喷洒一遍百病傻 500 倍液，并用浸过百病傻溶液的麻袋片或编织袋等覆盖料面，以尽量保持其湿润状态。

2. 播后二次覆土　第一次覆土使用直径 0.5 厘米粗的土粒，覆厚约 2 厘米，并参考上述一次性覆土的内容喷水并覆盖。待土粒缝隙中有菌丝爬出时，再用细土覆厚约 1.5 厘米，并整平，使两次覆土沉实后总厚度在 2 厘米左右。

3. 完成发菌后覆土　播种后覆盖遮阳，之后进入发菌期，适宜条件下约需 3 周。检查菌床完成发菌后，覆厚约 3 厘米的覆土材料，整平后进行调水等操作，具体可参考播后一次性覆土的操作。

（五）发菌管理

发菌期间的管理比较简单，但要根据栽培模式等具体情况进行适当管理，才能保证发菌的顺利进行。

1. 林荫下栽培发菌期管理　越冬栽培型的发菌，具有处于低温季节、发菌时间久等特点，只要完成覆土，此后的管理便很简单，除做好遮阳、保湿外，几乎没有什么重要工作。但当进入 3 月，便需检测基料含水量、检查菌畦内的病虫害等，根据情况，应该进行一次基料补水，如果有必要的话，还应进行一次灭虫。当季出菇的发菌期管理，处于偏高温的时段，管理重点为遮阳、降温、通风、保湿、防虫。基本工作就是每天晚上打开防雨的塑料膜给菌畦通风、降温，早上重新覆盖，阴雨天可以全天打开，不覆盖。发现基料内温度达到 30℃ 时，即应采用灌水降温等措施，在料面上打孔至畦底，然后灌入井水，强迫降温。每 3 天左右喷洒一次氯氰菊酯 1 000 倍液以防治害虫。大约 3 周，基料中布满大球盖菇的菌丝后，即对菌畦浇大水一次，为出菇打好基础，有条件的撑起小拱棚，做好遮阳防护。

2. 室内层架栽培发菌期管理　室内栽培的最大优势是不用遮阳、不用防雨，管理的重点是通风、降温、防虫。但室内栽培的最大问题是通风换气难度大，尤其进入发菌后期，需氧量增加、室内二氧化碳浓度提高，必须进行强制通风。可根据发菌管理要求，参考林荫下栽培发菌期管理的内容进行管理。

其他栽培模式，如箱式栽培等，其发菌管理可参考上述进行。

（六）蕾期管理

畦床表面有大量菌丝爬出，初期多为直立式，放大看犹如白色的树林，此时应及时揭去覆盖物，降温的同时加大通风量，降低空气相对湿度，约半天时间，爬出土面的气生菌丝基本全部倒伏。菌丝全部倒伏后，不再继续强制通风，应保持相应的空气相对湿度，以不低于 80% 为宜，畦面逐渐出现白点，这就是菌丝扭结，是现蕾的前兆，继之畦面上可看到成片的白点，紧接着就有原基出现，这就是菇蕾前身，应保持相应的环境条件，使之正常发育。

有的菇农看到土面菌丝旺盛生长时，还刻意保持让其继续生长的环境，致使气生菌丝极密，这样做不仅大量浪费基料营养，而且拖延出菇时间。气生菌丝浓密易形成"菌被"，不易现蕾或产生"地雷菇"等畸形菇，影响产品数量和质量，导致效益很低。

蕾期的管理原则：

①通风管理。常通不止，使空气微弱流动，切忌大风吹过畦面。

②温度管理。尽量保持稳定，缩小温差。

③湿度管理。保持基本稳定，不得饱和。

(七) 菇期管理

1. 室内层架栽培幼菇期管理 幼菇期适当加强通风，但仍不允许有强烈的风吹过畦面，具体可参照本节蕾期管理的内容进行管理。

2. 室内层架栽培成菇期管理 成菇期的管理重点是通风、控制湿度。成菇的抗性相对较强，虽然能够忍受较大温差和较强的风，但往往容易导致菌盖表面粗糙、变色等，使商品质量降低，因此，仍以保持少量通风为好。

3. 林荫下栽培幼菇管理 要维护小环境的基本稳定，尤其要保持温、湿度的基本稳定。

4. 林荫下栽培成菇期管理 成菇期要尽最大努力保证空气相对湿度的适宜和稳定，不可低于80%。

(八) 采收

距现蕾7~10天、菌盖直径3~4厘米且未破裂时即可采收，采收操作同双孢蘑菇等品种。大球盖菇的采收应在"宁早勿晚"的原则下及时进行，不可过熟，更不可开伞，否则就会丧失商品价值。

采收时注意将菌索一并带出，或采收后及时挑出土层中的菌索，凹处及时补土，清理畦面并补水。如果第一潮菇催蕾整齐，则应尽量一次性采完，以便处理畦面，调控条件使之休养生息。如有50%左右待采收的幼菇，可适当加大温、湿度，促其加速生长，以便早日采收，早日进入潮间管理阶段。室外畦栽的可随机采收，采大留小，但是，畦面上大约有70%的子实体已经采收了的，就应该将之采完，清理之后进行下潮管理。

(九) 采后工作

1. 潮间管理 主要措施是停止喷水，降低空气相对湿度至75%左右。调控棚温至20~26℃，并保持基本稳定，不出现较大温差。完全闭光，少量通风。潮间管理的重点如下：

补水：观察基料水分状况，如第一潮菇使基料失水过多，则可向菇床的洞内浇水，向作业道灌水。

养菌：按照潮间管理的要求，休养生息维持10天以上，即可参考前述重复出菇管理。

2. 菌畦补水 主要方法有给基料打孔后灌水；用补水针补水；菌畦两边留有水沟的，直接灌水即可。

上述调控措施得当，管理精细，一批投料有望收获三潮菇，生物学效率为25％～45％，商品率可达85％左右。

四、病虫防治技术

可参考第一章第一节相关内容。

第五节 鸡腿菇

鸡腿菇曾是20世纪90年代的珍稀品种，是风靡一时的市场宠儿，鲜菇价格高达14元/千克，当时平菇价格仅为3元/千克左右，足见差距之大。济南有以鸡腿菇为主题的"蘑菇餐馆"，食者如潮，单用鸡腿菇就可以做出十几道菜品、3～4道主食（面食）以及4～5道汤菜，口味丰富。当时济南有两家栽培鸡腿菇的专业户，"郊区种、市区吃"，定点供应，形成了典型的前店后厂式的产销模式，生产效益极好。

鸡腿菇具有高蛋白、低脂肪的优良特性，且肉质细腻，口感滑嫩，味道鲜美，炒食、炖食均可，煲汤久煮不烂，备受消费者青睐。

鸡腿菇含有丰富的蛋白质、多种维生素和矿物质，是一个食药两用品种，其味甘滑性平，有益脾胃、清心安神、治痔等功效，经常食用有助消化、增加食欲、提高人体免疫力。据《中国药用真菌图鉴》记载，鸡腿菇热水提取物对小鼠肉瘤180和艾氏癌的抑制率分别为 100% 和 90%。

进入 21 世纪以来，鸡腿菇的生产有了突飞猛进的发展，尤其各地菇民的不断创新和改革，将原为春、秋季节出菇的鸡腿菇，通过土法上马、因地制宜、开挖设施等多种措施，顺利实现了四季无忧栽培。比如大棚利用水温空调或控温风机调节菇棚温度，一年四批投料已成现实；再如，山东济南等地菇民在土质山沟上挖"菇洞"，用来栽培鸡腿菇，不仅实现了四季栽培，而且由于菇质好、品相好，顺利进入京津沪等的一线市场，生产经营效益十分可观。

一、废弃物原料的选择

一般常规生产中，多用玉米芯、稻秸、麦秸等，近年来，很多涉农加工业生产中的下脚料如木糖渣、糠醛渣、中药渣、酒糟、沼渣等也已进入主料范围，并且得到了较广泛的应用。熟料栽培金针菇、杏鲍菇，菌渣作为鸡腿菇栽培的主料，也有不错的效果。值得一提的是，本研究团队在野外发现在陈年树桩上可以着生鸡腿菇后，利用经过处理的木屑进行鸡腿菇栽培试验，结果比较理想，拓宽了原料渠道。

（一）草料资源

1. 麦秸、稻秸 南北方均有的重要资源，尤其是稻秸，数量很多。

2. 玉米芯 在中部地区以及东北地区，玉米芯数量很多，目前已有不少加工玉米芯的小型企业。玉米芯使用效果很好，而且价格低廉、便于贮存。但是，玉米芯作为原料也存在着初始拌料吸水难、出菇后期易软袋等弊病。

3. 稻壳、麦糠 该类原料虽然相对较少，但利用效果不错。

4. 花生秧粉 这是中部地区越来越多的一种资源，稍加调配栽培鸡腿菇效果很好。与之相仿的是花生壳。

5. 油菜秸粉　可以明确地说，这是个不错的原料，虽然不耐分解，但毕竟是一种秸秆资源，值得加以利用。

6. 玉米秸粉　该资源数量多，用于栽培鸡腿菇的效果尚可，但需要合理搭配。

7. 芦苇　该种原料分布范围较小，不足以成为资源，仅在某些特定范围内数量多。使用时仅需粉碎加工，较玉米秸秆的效果要好。

（二）涉农加工业废渣

1. 木糖渣　作为一种资源，仅限于某个地区。其酸性较强，pH 一般为 3～4，需要进行有效处理，生产效果不错。

2. 糠醛渣　同木糖渣。

3. 蔗渣　较木糖渣颗粒稍大，使用效果不错，只是数量较少。

4. 中药渣　这是一个很理想的资源，尤其中成药数量越来越多、保健品种类及数量不断增多，中药渣的数量自然也是水涨船高，利用效果很好，但需注意不要使用有毒的中药的药渣，防止原料污染，应将中药渣适当进行脱水处理。

5. 酒糟　无论是啤酒糟还是酒精酒糟，都是可利用的原料。截至目前，山东济南等地的鸡腿菇栽培，多以酒糟为主料，辅以适当的玉米芯等原料，生产效果理想，需脱水。

6. 沼渣　营养丰富，利用效果理想，需脱水。

（三）菌渣废料

一般可利用熟料栽培品种如茶树菇、白灵菇、猴头菇的菌渣。一些只出一潮菇的设施化生产，如生产真姬菇、金针菇、杏鲍菇等，虽然所用原料质地、营养较差，但由于只出一潮菇，所以菌渣中还是含有大量鸡腿菇所需的营养物质，利用效果不错，建议将其作为新的资源推广。

（四）粪肥资源

1. 牛粪　将其与秸秆混合，用于鸡腿菇栽培效果很好，生物学效率提高 20%以上。可以将牛粪资源化，像棉籽壳、玉米芯一样，进行长途运输，异地利用。

2. 羊粪、兔粪　营养成分与牛粪相仿，但利用率更高，生产效果更好。

3. 猪粪　由于含水量高，所以需要专门处理，但如果在大型养猪场进行投资，收集猪粪用于生产鸡腿菇等食用菌，则具有较高的可行性。

（五）木质类资源

1. 树干木屑　既然陈年树桩上可以着生鸡腿菇，那么，利用树干木屑进行人工栽培肯定也是可以的。树干木屑应是偏软质的，并且必须经过腐熟处理，才符合鸡腿菇对着生基质的要求。设计配方时，必须提高氮元素的比例，并适当增加其他中微量元素，做到营养全面、丰富、均衡，最大限度地提高产量和质量。

2. 树皮　将之粉碎后与树干木屑掺混，实际栽培效果很好。在配方、菌株以及栽培环境等条件均相同的前提下，较纯树干木屑的生产效果要好。

3. 桑枝粉　在桑蚕养殖区内，每年都有大量的桑枝被丢弃，桑枝甚至成为一种污染源，很是可惜。桑枝作为原料栽培鸡腿菇效果很好。

二、生产配方的设计

（一）以稻秸（麦秸）为主料的基本配方

稻秸（麦秸）200 千克，麦麸（或米糠）50 千克，豆饼粉 3 千克，复合肥 4 千克，尿素 3 千克，石灰粉 12 千克，石膏粉 5 千克，食用菌三维营养精素 120 克。稻秸（麦秸）先用石灰水浸泡，打开表面蜡质层的同时吸透水，然后除食用菌三维营养精素外，与其他原、辅料共同拌匀发酵，每天翻堆一次，并适量补水。根据气温的不同，发酵 5～8 天后，即可摊开料堆，施入食用菌三维营养精素的同时给基料降温，并适当调整含水量和 pH，此后即可装袋播种。

（二）以稻壳（麦糠）为主料的基本配方

稻壳（麦糠）100 千克，玉米芯 90 千克，麦麸（米糠）50 千克，豆饼粉 10 千克，复合肥 6 千克，尿素 3 千克，石灰粉 12 千克，石膏粉 5 千克，食用菌三维营养精素 120 克。稻壳栽培鸡腿菇，作菌畦直播或装袋播种，栽培效果良好。基本处理：将稻壳浇水湿透后，加上配方中石灰粉的 50% 进行堆酵，如进行熟料栽培，堆酵 5 天左右，低温时段可延长至 10 天左右，再与其他原、辅材料共同拌匀装袋。如进行发酵料栽培，则在稻壳堆酵 5 天后，与其他原、辅材料共同拌匀进行发酵处理，完成发酵后再将食用菌三维营养精素均匀施入。

（三）以木糖渣为主料的基本配方

木糖渣 100 千克，玉米芯 95 千克，麦麸 40 千克，玉米粉 10 千克，豆饼粉 5 千克，石灰粉 12 千克，石膏粉 5 千克，尿素 2 千克，复合肥 6 千克，食用菌三维营养精素 120 克。高温时段的发酵料栽培，还应加入赛百 09 药物 100~150 克。可熟料栽培，也可发酵料栽培，根据生产季节和操作技术等条件因地制宜，不必强求一致。

木糖渣作为一种比较丰富的资源，近年来才被逐渐用于食用菌栽培，从不断地试验性栽培鸡腿菇来看，具有比较理想的栽培效果。虽然还有一些技术问题需要解决，但是作为一种新资源，应用效果还是很理想的。糠醛渣等同类原料的利用可参考该内容，不再单独列出。

（四）以中药渣为主料的基本配方

中药渣（以干品计）120 千克，玉米芯 80 千克，麦麸 40 千克，玉米粉 10 千克，石灰粉 12 千克，石膏粉 5 千克，尿素 2 千克，复合肥 6 千克，食用菌三维营养精素 120 克。

高温时段的发酵料栽培，还应加入赛百 09 药物 100~150 克。

（五）以沼渣为主料的基本配方

沼渣 150 千克，玉米芯 100 千克，石灰粉 12 千克，石膏粉 5 千克，复合肥 5 千克，食用菌三维营养精素 120 克。该配方以粪肥原料的沼渣为参考值，如果使用秸秆类原料或酒糟类原料的沼渣，则应根据沼渣检测结果以及鸡腿菇所需营养等具体指标进行配方设计。

沼渣的颗粒度及其营养成分因原料的不同而有很大区别，故应在使用前根据指标结果进行配方设计。配合原料如玉米芯，颗粒度应较常规稍大，以解决基料的通透性问题，当玉米芯的颗粒度偏小时，应适当降低沼渣的比例。

（六）以酒糟为主料的基本配方

配方一：酒糟（以干品计）100 千克，棉籽壳 100 千克，麦麸 50 千克，石灰粉 12 千克，石膏粉 5 千克，复合肥 5 千克，食用菌三维营养精素 120 克。

配方二：酒糟（以干品计）100 千克，玉米芯 100 千克，麦麸 40 千克，玉米粉 10 千克，豆饼粉 5 千克，石灰粉 10 千克，石膏粉 5 千克，复合肥 5 千克，食用菌三维营养精素 120 克。

要点：酒糟应晒干，最大限度地提高 pH；棉籽壳可使用大粒型；配料前先将酒糟加入石灰粉进行 1～3 天堆酵，使之稳定；配料时尽量提高 pH；配方中要有石膏粉或者碳酸钙；发酵料可每天翻堆，发酵 5～8 天即可，气温低于 15℃时应延长 5 天左右；熟料栽培时应发酵 5 天后装袋、灭菌。

（七）以菌渣为主料的基本配方

配方一：菌渣 120 千克，棉籽壳 90 千克，麦麸 50 千克，豆饼粉 3 千克，石灰粉 12 千克，石膏粉 5 千克，复合肥 6 千克，尿素 2 千克，食用菌三维营养精素 120 克。

配方二：菌渣 120 千克，玉米芯 80 千克，麦麸 40 千克，玉米粉 10 千克，豆饼粉 4 千克，石灰粉 15 千克，石膏粉 5 千克，复合肥6千克，尿素2千克，食用菌三维营养精素120克。

所用菌渣无污染、无病害、没有发生过虫害等，更没有因为病虫害而对基料用过杀菌杀虫药物，出菇环境的预防性用药不在此列。

三、栽培管理技术

(一)菌株选择

1. Cc168　大粒型菌株，适宜出菇温度为12～20℃，25℃以上仍可出菇，但商品性差，超过30℃所出的菇几乎没有商品价值。子实体个体大而均匀，最大个体超过200克，最大畸形（异形）子实体重达350克。主要特点是鳞片少，菌盖菌柄比例较好，白色，适合制干或鲜销。

2. Cc833　中小粒型菌株，适宜出菇温度为12～20℃，8℃左右出的菇，个体娇小，菌盖较小，发生褐顶菇的概率较高。子实体纯白色，菌盖菌柄比在1∶1.3左右，自然温度偏低时段出的菇适合制罐，18～22℃出的菇，子实体呈黄金比例，个体均匀，商品性高，尤其适合加工或出口。

3. 长腿鸡腿菇　在济南地区土洞栽培的鸡腿菇中，连续数年选育出来的一个菌株，特别适合做反季节栽培。其典型特点就是较普通菌株长，特别适合在土洞的环境条件下生长，几乎没有鳞片，菌盖菌柄比例合适，商品性高，肉质更加细腻，适合超市鲜销。在夏季的6—8月和冬季的12月至翌年2月，土洞栽培的产品多销往京津沪等地一线城市大型超市，外观比安装降温设备生产出的产品好，很受消费者欢迎。

(二)栽培方法

1. 按栽培基质的处理方法分类

(1)生料栽培。鸡腿菇属于草腐菌，不适合栽培在生料上，但是如果栽培在生料上，也会发菌、出菇，只是会严重偏离人工栽培的技术路线及生产预期，并且出菇时间大大延长。原因：生料必须经过长时间的自然腐熟，然后才能被鸡腿菇菌丝分解和吸收。

（2）发酵料栽培。发酵料栽培最大特点就是原、辅材料拌匀后在50℃及以上温度条件下达到半熟化后，较多的营养物质改变了组成结构，或由大分子结构转变为小分子，更易被食用菌菌丝吸收利用。并且发酵过程产生的高温可以杀死料内的部分杂菌、害虫及虫卵。但是在发酵过程中，原、辅材料的一些速效性、水溶性的营养物质，随着基料产酸、产热、蒸发等大量流失，发酵温度越高、维持时间越长，料内营养物质的流失量也就越大。

近年来的发酵料处理，多采用"天天翻堆"的发酵技术。基本操作是：基料建堆后每24小时翻堆一次，在低温时期应适当升温保温，比如温热水拌料、选择背风向阳处建堆、料堆上覆盖草苫等，既保证了基料经过高温处理和基料营养的有效转化，又避免了基料过热损失营养，一举两得。每次翻堆，根据气候状况、基料产热情况，分析基料失水状况，然后采用在表层洒水的方法补水，洒水后即可进行翻堆操作。一般夏季发酵，5天左右即可完成，冬、春季发酵应在7天以上。

"天天翻堆"的发酵技术，既能达到发酵的目的，又能最大限度地减少基料的营养损失，而且还省去了观察温度、计算时间等烦琐程序，具有简化生产流程、保证生产成功等多重优势，适合规模化生产采用，该方法后被逐渐用于鸡腿菇的基料处理中，并得到人们的广泛认可，值得推广。

（3）熟料栽培。按配方拌料后，根据原料、季节、栽培模式等具体条件，进行适当的发酵处理后再进行装袋、灭菌、接种等操作。熟料栽培的主要特点是：在操作技术有保证的前提下，病虫害发生概率低，危害程度低，商品率高，菇品口感较好，可以进行持续性生产，最大限度保证生产的成功率和连续性；但是也存在生产成本高、操作烦琐以及不适合小规模生产等问题。

正常情况下，熟料栽培成功率较高，可以有效地按栽培计划实施，最大限度地保证生产效益，并可很好地保护栽培环境。由于符合可持续发展的要求，因此，这是目前为止设施化栽培或企业化生产的主要栽培方式。

但是熟料栽培时，如控制不当或环境较差、消杀不力，则发生污染的概率更大，而一旦发生链孢霉菌等杂菌污染，可能会造成毁灭性的损失，这是许多菇民不愿采用熟料栽培的主要原因。

2. 按栽培模式分类　鸡腿菇的栽培模式主要有直播栽培、袋栽、立体架栽、立体箱栽四大类，各地应根据环境条件、基本市场状况、投资水平（包括后续资金）、技术能力、科技实力等具体确定，因地制宜，不必强求某种方式。

（1）直播栽培。这是鸡腿菇技术研发中的初始栽培模式。修建菌畦，采取2种1料、3种2料等铺料播种方式，直接铺料播种，然后覆盖塑料膜，待基本完成发菌后，即可进行覆土，经约20天的二次发菌期，进入出菇管理阶段。该模式的生产优势很明显，操作简单，几乎不需要任何设施设备以及工具等投入，而且生产空间很大，空气良好，管理方便。其弊病就是占用土地面积大，出菇管理用工多，单位面积内的产量低。

（2）袋栽。（裸棒覆土）装袋播种，完成发菌后再直接剥袋、覆土栽培。最大的优势就是菌袋（菌棒）可以集中存放，随时可以覆土栽培，无须每次都要进行基料发酵操作，尤其对于进行连续栽培的企业，省了不少麻烦和成本。并且菌袋可以集中发菌，充分利用现有设施设备等条件。菌棒可以集中存放，比如存放在冷库、恒温库等设施内，将菌棒放入后，如果暂时不用，可以存放一年之久，出菇基本不受影响。其弊病主要是不覆土不出菇、鲜菇不耐高温、贮存期短，尤其采收时，需要单个处理其基部，需要大量的人工。

（3）立体架栽。所谓立体架栽，就是采取栽培架的栽培方式。

由于栽培架每层负荷都较大，故在生产中多采取砖砌墙、预制楼板隔层的方法，一般每层40厘米左右，连同地面一层分为5层左右，菌柱横卧，其上覆土2～3厘米，出菇空间约20厘米，基本满足其生长需求。该模式最大的优势就是能够充分利用栽培空间，较好地利用设施设备，尤其进行周年化生产时，立体架栽很重要。最大的弊端就是投资偏高，操作不太方便，而且采取砖砌墙的方式，不易变更和改造。如果改为钢构栽培架则方便得多，但投资更大，不适合一般散户采用。

（4）立体箱栽。最原始的办法就是使用编织袋装料发菌，一个编织袋装料（干）10千克以上，完成发菌后除掉编织袋，横卧覆土出菇，菇体粗大、壮硕，很是诱人，但平均产量不高，基料虽然多，但不能有效利用，这大概算是箱栽的雏形了。后改用白蜡条编制的圆筐，装料后发菌，然后覆土出菇，这应该算是箱栽的进步。至20世纪90年代末期，改为普通塑料周转箱，内衬编织膜，完成发菌后在出菇前将编织膜划开口即为出菇口。塑料周转箱用于立体箱栽的最大优势在于箱体耐腐蚀，可连续使用；有若干出菇口，基本不存在"出菇委屈"等问题；方便码高，不存在浪费空间问题；方便管理，没有操作不便等问题。主要弊病就是一次性投资多，只适合设施化栽培，不适合散户应用。最新研究发现，根据鸡腿菇的出菇特性，专门设计用于鸡腿菇箱栽的"鸡腿菇箱"，比普通塑料周转箱稍小，两个大面各设计8～12个出菇口，基本可以满足出菇需要。

需要强调的是，该生产模式，需与温度、水分、光照等的控制装备配合，才能实现生产效益的最大化，只可用于设施化或工厂化的企业规模生产，不适合散户栽培。

（三）创新栽培法

是近年来新推出的、应用效果较好的、结合两种及以上生产模式的栽培方法，将之归类于某一种模式都不太确切，故单独列出。

1. 大袋栽培法　就是改宽18～25厘米的塑料袋为45～65厘米，采用发酵料栽培，逐个装袋、播种、覆土，带袋出菇，可单层栽培，也可层架式栽培。大袋栽培的两个关键点：由于塑料袋规格较大，菌袋发菌期间容易发烧，所以在培养过程中，应严格观察菇品的温度并准备随时调整温度；覆土后应将袋口挽下与土层持平，以保证通气。

大袋栽培主要有3个优势：第一，大规格塑料袋方便装袋播种，相同条件下，装袋效率提高近一倍；第二，节约塑料袋的费用和装袋的人工费用；第三，与直播栽培相比，降低了杂菌迅速蔓延的可能性，与传统脱袋栽培相比，减少了脱袋覆土等费用。就目前的技术条件来看，该种栽培模式的弊端也很明显，主要体现在逐袋覆土用工较多，多为平面栽培，浪费设施空间。

2. 大敞棚仿野生栽培法　就是一种在露地上修建较大面积的遮阳棚，在棚下以畦栽模式栽培鸡腿菇的方法。采用这种方法在春、夏、秋3个季节均可以较好地调整敞棚下的温度，令鸡腿菇生长无忧。大敞棚仿野生栽培法的4个关键点：第一，敞棚必须完全遮阳，并且南北向顺水，以防雨水灌入棚下；第二，以正方形为宜，任何方向的长条状敞棚均不利于遮阳降温；第三，四周围起防虫网，以防害虫滋扰；第四，敞篷四周必须架设喷雾管道，并能够单独开关，这是生产的关键基础之一。

大敞棚仿野生栽培法最大的优势就是直接在野外遮阳栽培，不需要投资控温控湿控气等设备，产出的菇品口感和风味可与野生菇相媲美，商品性与菇棚的产品相似。但这种方法的弊端也很突出，如需要整块的土地、不适合一家一户独立生产、产出时间比较集中、受外界环境影响较大等。

3. 林下仿野生栽培法　这也是一种很好的节约耕地面积的栽培方法，这里我们所说的林下仿野生栽培，是指利用远离人群的中高海拔林区进行林下栽培，完全处于野生条件下，没有人为干预。

（1）基本操作。选择坡度小于 30°的林地，越平坦越好，利用树木间的空地，可以单穴栽一个菌柱，也可成小片地栽培几个或几十个菌柱。利用地面植被的覆盖、蒸腾等作用，使鸡腿菇子实体处于较适宜的生长环境中，从而达到高品质、高产量的生产目的。

（2）关键点。一是尽量选择平缓地带，海拔尽量高一些；二是覆土后、采收后必须浇足水。

林下仿野生栽培鸡腿菇，菇品中含有更多对人体有益的微量元素，明显高于传统产品，有的甚至超过几倍或几十倍。但是，林下仿野生栽培鸡腿菇也有弊端，比如交通问题、水源问题、平时的管理问题等，均为林下仿野生栽培的制约因素。

4. 菇洞栽培法 所谓菇洞栽培，就是在山沟中或土山上凿挖一种宽 2 米左右、长达几十米甚至 200 多米的类似地下通道的设施，专门用于栽培鸡腿菇或双孢蘑菇等。菇洞的栽培模式为大袋平面栽培，截至目前，尚无其他的栽培模式。

（1）基本操作。

①菇洞两端各封一层防虫网、一层保温帘，保温帘在外，内设缓冲间，进入菇洞之前是防虫网。

②使用大规格塑料袋，比如宽 15 厘米、长 30～35 厘米的聚乙烯塑料袋，每袋装干料 2.5 千克左右，最大湿重达到 10 千克以上。

③菇洞内用赛百 09 300 倍液喷一遍，2 天后再喷一遍百病傻 300 倍液与氯氰菊酯 1 000 倍液的混合溶液，封闭两头不通风，2～4 天后开封启用。

④菌袋单层排入菇洞的两侧，中间留出宽约 0.5 米的作业道。

⑤挽下袋口，根据覆土材料不同，单袋覆土 2～4 厘米。

⑥采收后及时清理料面，并把垃圾及时清理出去，然后喷洒百病傻 300 倍液与氯氰菊酯 1 000 倍液的混合溶液一遍，即进入菌丝休养阶段。

最后，出菇期间仅需适当打开两头进行通风，而无须喷水等管理。

（2）关键点。

①防病。发现任何病害，随即将菌袋移出去，不可置之不理，并随时用药。进行单袋移出和处理，是大袋栽培的优势之一，而这一优点是菌畦直播栽培所不具备的。

②防虫。防虫网是第一道屏障，出菇期间歇期用药也是必不可少的措施之一。建议全程坚守一个原则，即预防为主，防治并重。

③消杀。每批清料后的消杀应遵守"完全彻底、不留后患"的原则，宁过毋缺。

菇洞栽培的最大优势就是温度、湿度适宜，无须特别管理即可出菇，尤其济南地区那种两端口均在悬崖上，为了增加菇洞长度还在中间特意设置了半径约200米、长约30米的拐弯，通风条件特别好，即使外界风力较大，菇洞内也只是略有微风。弊端就是交通问题，可以用十分不便来形容。另外，菇洞均不设被覆，也没有任何支顶、支架之类的保障，为了安全起见，菇洞的宽度一般不会很理想，因此，作业道两边各安排2～4排菌袋后会显得拥挤，生产者操作极不方便。

5. 菌菜套种　菌菜套种操作并不复杂，鸡腿菇菌袋完成后熟培养后，根据蔬菜的株距，将1～2个菌柱埋入两株蔬菜之间，只是栽植蔬菜时需要使用弯铲挖栽培穴，而不要使用普通工具挖大栽培坑，以免破坏土层中的鸡腿菇菌丝。如果蔬菜直播，则应使菌柱和种子一同下地。需要起垄栽培的蔬菜如茄子、辣椒等，则应提前按照起垄的高度埋鸡腿菇菌柱，不要将菌柱埋得太深。菌菜套种的关键点是确定蔬菜品种以及栽培模式，注意要点是鸡腿菇菌柱的覆土厚度，菌柱不要埋得过深。

菌菜套种的最大优势是利用蔬菜之间的空闲位置栽培鸡腿菇，利用蔬菜遮阳，利用土壤的水分以及土壤中的部分营养，在蔬菜生长周期内完成一批鸡腿菇投料，最大限度地节约土地和设施投资。并且在完成一季生产后，菌渣直接翻入土中，培肥地力的同时，增强土壤的抗旱、抗涝能力。但其弊端也很明显，一般蔬菜需要高温条件，必须注意选择品种，而且蔬菜的用水量较大，尤其在鸡腿菇幼菇阶段，一旦有大水漫过，或长期保持高湿环境，将不可避免地造成褐顶菇、水渍菇，甚至出现畸形菇，严重时还会发生某些病害，应注意避免或防范。

（四）覆土材料

1. 覆土材料种类　鸡腿菇的覆土材料与双孢蘑菇、草菇等基本相同，主要有草炭土、腐殖土、菜园土等，还有需具有一定条件才能配制的沼渣土、沼液土等。上述覆土材料各有千秋，价值亦有较大区别，菇农应根据本地条件做取舍，不可盲目效仿。覆土材料的选择以及配制方法，请参考第一章第一节的内容，不再详述。

2. 覆土材料处理

（1）简单处理。由于地表耕作层（20厘米）土壤有机质含量较高，黏度适中，通透性较好，物理性状好，所以适合做覆土材料。但由于耕作层土壤含微生物种类多、数量大，且有对鸡腿菇菌丝不利的微生物存在，故生产中应做消杀处理。一般处理程序是取土后边晒边破碎，过1厘米孔筛后，使用百病傻300倍液边喷药边拌土，连喷2遍，确认土壤颗粒都黏附药液后建堆、覆膜、堆闷待用，一周后即可上床覆土。

（2）堆酵处理法。将土备好后按配制比例加入秸秆，要求秸秆腐熟程度高，并同时以土为基数加入2%过磷酸钙、1%石膏、1%石灰粉、0.2%尿素等辅料，加水拌匀后，建堆覆膜进行发酵处理，约堆酵15天，摊开土堆，喷入百病傻药物后重新覆膜，一周后即可随用随取。

另外，处于夏季高温阶段时，应喷入适量阿维菌素1 000倍液，覆膜后杀虫效果很好，建议推广使用。

四、病虫防治技术

(一) 细菌性病害

典型表现为病原菌大多没有菌丝；基本表现为菇棚内臭气较重，子实体表面腐烂，多呈黏糊糊的状态，但也有个别的细菌性病害并无臭味。防治措施是加强通风，宁干勿湿，菇棚地毯式喷施百病傻 400 倍液，可与漂白粉溶液交替使用，用药的同时加强通风，但应注意棚内温差，以不大于 10℃为宜，绝对温度以不低于 12℃、不高于 25℃为宜。

(二) 真菌性病害

典型表现为发生菌丝和孢子，但多数菌丝并不被注意，人们大多注意的是其孢子，孢子颜色有红色、绿色、黄色等。基本表现为棚内一般并无臭味，或者只有淡淡的霉菌味，但在菌袋上会呈现出不同色泽，或者在子实体基部长出菌丝，与平菇菌丝相似。个别的真菌也不长菌丝和孢子，如酵母菌等，但是该病原菌有特殊的酒酸味，与其他菌类有明显区别。防治措施是预防用药，密切观察，一经发现，彻底清理。

1. 白粉病 真菌性病害中尤以白粉病（也称黄粉病）最常发生，该病由石膏霉类真菌引起，一般生产中很难注意到石膏霉菌丝初期的发展，只有当其形成"圆圈病"时才慌忙用药，以图"药到病除"，但往往因药不对症而收效甚微，病斑继续扩展，尤其是褐色石膏霉发展速度快、危害大。石膏霉类病害发生的主要原因是基料堆酵不匀、腐熟度不足、水分偏大、pH 偏高以及覆土材料未经处理或处理效果不佳等。处理措施：对石膏霉类病害侵染区，扩大5～10 厘米范围，将病区覆土挖除，并随即清出棚外，对病区喷洒赛百 09 100 倍液，继而撒一层过磷酸钙粉，再覆新土使之恢复原位水平，2～3 天后清水喷透新覆土，表面再适量喷洒百病傻 300 倍液。此外，对病区喷洒食醋 5～8 倍液或 1％盐酸溶液后，将凹陷处用发酵料和处理土填平，清理菇棚卫生，也是一个不错的措施。

2. 鬼伞 基料腐熟过度、含水量居高不下、通透性较差、温度高等，鬼伞就会发生，对于鬼伞，目前无药物可用。我们的措施是在加强通风的前提下，使用小铲子等工具，将刚刚露出的鬼伞铲除，已经冒出的拔除。鬼伞的特性是喜碱耐碱抗碱，其菌丝喜欢生长在偏碱性基质中，生长过程中对高碱性基质和环境具有天生的耐力和抗性，因此，一般碱性杀菌药物对鬼伞无效。我们采取的最有效的物理措施就是降低温度至 20℃ 以下，甚至 5℃ 左右，鬼伞自然就销声匿迹了。

3. 子囊菌类病害

这是迄今为止预防难度大、尚无有效药物可以防治的病害之一。子囊菌有菌丝和孢子，明显表现为活力强、传播速度快、危害严重。鸡爪病可以被认定为"鸡腿菇专有癌症"，一旦发生，畦面上将会出现一丛丛棕褐色珊瑚状子实体，常规药物基本无效，只能寄希望于综合预防和物理＋化学处理法。

鸡爪病由鸡爪菌引起。菌丝阶段肉眼无法辨认，菇床只是表现为迟迟不出菇，表面有些许灰白色菌丝出现，极易误认为是鸡腿菇气生菌丝。菌丝成熟后，即可在菇床上长出棕褐色至暗褐色珊瑚状子实体，丛生，形同"小刺猬"，剖料观察，可见其基部菌索极为粗壮，直达料底，手拉其菌索韧性较大。菌索着生处鸡腿菇菌丝仍不减少，但由于该病菌具有较强的生长优势，抑制鸡腿菇菌丝不再发生菇蕾，危害性极大，而且发生极为普遍。另有资料表明，鸡爪菌菌丝可插入鸡腿菇菌丝体中危害，所以一旦感染鸡爪病，便不会再出菇，在鸡腿菇生产中属于"癌症病害"，目前尚无有效药物可用。目前本研究团队的处理措施是将初发生病害处扩大 5～10 厘米范围挖除，小心移至菇棚外，连同其他挖出的杂菌或子实体一同处理，连片棚区最好能集中挖除处理、集中烧毁或深埋 40 厘米以下，不可乱弃。因为鸡爪菌孢子抗性较强，既无有效药物杀死，又可抵抗一般自然的寒热条件而不死亡，一旦随空气、人体、原料、工具等进入菇棚，在适宜条件下可重新萌发，再度形成危害。病处挖除后，基料以及覆土材料应撒施石灰粉，然后深埋。如果基料偏多，应在撒施石灰粉的同时将之建堆，料堆表面用稀泥密封处理，根据气温，1~3 个月后，即可作为大田作物的基肥。

4. 盘菌类病害　覆土层上及菇畦周边或墙体上长满一层质地如木耳的碗状肥嫩子实体，使鸡腿菇发生数量少甚至不发生菇蕾，影响产菇量。发病的主要原因是覆土材料未经严格处理或处理方法不当，基料带菌播种也是主要原因之一。另外，菇棚消杀处理不彻底也是重要的致病原因。

5. 鱼子病　该病由白粒霉引起，发病初期往往不被注意，但至发病中期，鸡腿菇菌丝迟迟不能吃料，甚至有"退菌"现象，剖开料床检查，可见料内有许多小米粒般大小的白色球状物，即其闭囊壳，有的甚至成堆发生，严重时料内根本没有鸡腿菇菌丝，并发出难闻的腐烂气味。目前尚无有效药物防治。本研究团队的措施是加强通风，降低湿度，尽快降低基料含水量，对于直播栽培的，配合撬料，约一周后再进行覆土。

（三）生理性病害

该类病害属客观原因或管理失误所致，实际上与操作者的技术水平密切相关，只要找出原因后，改进或强化管理，下潮菇即可避免发生此类病害。

1. 黄头菇、褐顶菇　菌盖顶部呈水渍状，发黄甚至呈黄褐色，严重降低商品质量，且会因为含水量高而缩短货架寿命。原因：湿度高。处理措施：加强菇棚通风，降低湿度，尤其注意降低覆土层的含水量，并且不得向菇棚内喷水。

2. 小帽菇　菌盖很小，甚至小到可以忽略不计的程度，菌柄反而异常粗大，市场效果很差，只能作深加工用料。原因：温度低，尤其是地温低。处理措施：尽快提高菇棚温度，并进行保温，杜绝温差过大。

3. 大扁菇 硕大的子实体，又长又粗又扁，乍看好似两个子实体的合并体，仔细挖出，底部呈弯曲状，商品性很差，只能作深加工用料。原因：横卧的菌柱两边没有覆土材料填充，菌柱的中间部位与畦底接触后分化出子实体，便呈弯曲状向外钻。处理措施：用覆土材料填满菌柱周边，下次再生产时，必须将菌柱间隙拉大至2厘米以上，将覆土材料过筛，最大颗粒直径不超过2厘米，如此，进行覆土操作时，覆土材料自然就会进入到畦底，而不会再出现该类悬空问题。

4. 毛片菇 整个菌盖，褐色的鳞片几乎是密密麻麻，十分影响菇品的商品质量，而且菌盖组织多已与菌柄产生间距，手感松、软。原因：温度偏高、湿度太低、采收时菇品老化，三个原因均可造成该种生理性问题。处理措施：分析具体原因，有针对性地采取解决措施。

5. 大屁股菇 发生原因和处理措施与上述"小帽菇"相同。

6. 早开伞菇 子实体还没有充分长大，只有3～4成熟就能开伞，然后菌盖自溶，令人措手不及。一旦开伞，鸡腿菇便失去鲜销的商品价值，只能作深加工原料。20世纪90年代，山东等地的乡镇大面积发展鸡腿菇，当出现问题后，本研究团队应邀前往指导，发现每个菇棚进出口附近都有不少丢弃的开伞菇，问菇农原因，菇农回答加工点不收，实际上，这就是没有相应配套加工，否则即使开伞，菇民也会有相当的收入，不至于直接丢弃。原因：温度高，尤其当棚温达到25℃以上时，子实体便会被催熟，被迫开伞，散发孢子。处理措施：尽量早采，赶在开伞前采收，即可有效避免该问题；安装相应的降温装置，将温度降至20℃左右，不但可以避免早开伞，而且可以产出更优质的菇品，提高生产效益。

（四）虫害防治

鸡腿菇栽培中虫害时常发生，主要有菇蚊、菇蝇、螨类、跳虫、线虫、蓟马、蛞蝓、蝼蛄以及鼠妇等。它们的基本特点是咬食菌丝，取食子实体。蝼蛄和鼠妇还会对覆土栽培的畦床等造成破坏。害虫除自身具有的破坏力外，其身体亦可携带大量病原菌入棚，因此，预防和杀灭害虫，不单单是对虫害的防治，同时也是一种对病害的有效预防手段。

1. 虫害高发的原因

（1）生产场所内部潜在的虫害。包括发菌培养室、出菇棚等场所，曾发生过虫类危害，成虫潜藏或产下虫卵，待条件合适即可很快形成危害。

（2）周边环境不清洁。生产场所的周边环境不清洁，如养殖场的蚊蝇包括菇蚊菇蝇、鸡舍或仓库的螨虫等，易导致食用菌生产场所发生虫害。

（3）原料携带害虫。陈年原、辅材料容易携带害虫，该问题往往易被人们忽视。

（4）基料发酵期间进入的害虫。基料发酵期间，料堆的热量和气味吸引很多害虫进入基料，或咬食，或藏匿，或产卵。

（5）发菌期间进入的害虫。发菌期间，由于培养室的温度等条件优于室外，尤其深秋季节室外气温逐渐降低，很多害虫就会寻找温暖场所，一旦封闭条件差、预防工作不到位，害虫就会乘机而入。

（6）出菇期间进入的害虫。出菇是最后一个生产环节，也是虫害高发环节。虫害高发的主要原因是疏忽观察和管理，预防工作不到位。

2. 防治措施

预防为主，防治并重。第一，提前采取设施预防加药物预防措施；第二，发现虫害后用药要到位，一次性彻底杀灭；第三，不留任何废料堆放于露天场所，以免成为害虫滋生源；第四，出菇结束后，彻底清理菇棚，严格进行消杀，勿使害虫有生存藏匿的条件。

（1）农业措施。远离虫源地，如养殖场、垃圾场、粪肥场等，设立隔离带。

（2）物理措施。第一，清理环境卫生，切断外界害虫进入生产场所（制种、发菌、出菇）的通道；第二，清理菇棚以及场区卫生，使生产场所内没有害虫赖以生存的物质条件；第三，仓库、厕所等进行封闭和无害化处理；第四，对菌种制作与贮存、菌袋培养、出菇等场所装防虫网，以防害虫进入；第五，一旦发现害虫，立即彻底灭杀。

（3）化学措施。预防性用药，比如使用高效噻嗪啶即可有效预防菇蚊、菇蝇入棚；根据环境或季节，经常性喷洒低浓度氯氰菊酯，即可很好地预防害虫进入，或可杀死部分害虫；阿维菌素拌料，可有效预防螨类害虫；辛硫磷、毒·辛可杀灭地下害虫，随灌水、拌料施入均可，毒·辛还可喷洒地表；磷化铝熏杀，可一次性杀灭全部害虫以及虫卵。

第六节　长根菇

提起长根菇，可能大家都觉得很陌生，但是要说到黑皮鸡枞菌，则业内业外几乎无人不知。其实，两者是一回事（图2-2）。黑皮鸡枞菌的兴起是因为鸡枞菌。鸡枞菌需要与白蚁伴生，只生长在白蚁巢穴上。人工种植鸡枞菌，先要繁殖饲喂白蚁，但白蚁危害较大，稍有不慎就会造成严重的损失，目前的技术条件还未实现对白蚁的人工饲喂，更别提人工种植鸡枞菌了。一些投机取巧的商人给长根菇扣上"黑皮鸡枞菌"的帽子，以假冒鸡枞菌获取利益。

曾几何时，长根菇以高昂的价格抢占了食用菌的大部分市场，各大餐饮店紧随热潮，立马研制出多种长根菇菜品，以博得食客的欢心，效果竟出奇的好。截至2021年第一季度，南方长根菇市场批发价为每千克30～60元，生产效益、经营效益均较理想。2022年初，虽价格大幅度降低，但较之平菇等仍有较大的利润空间。

图2-2 长根菇

长根菇的生产难度，较平菇等老品种稍大一些，与鸡腿菇、双孢蘑菇等需覆土栽培的草腐菌相仿，目前已淘汰畦式直播的平面栽培模式，多采用装袋发菌、裸柱覆土等栽培模式，现代技术条件下，采用层架栽培被大多数生产者所接受，并且有利于集约化生产，适宜控温生产，提高设施设备的利用率，也符合现代生产和市场的要求。

一、农业废弃物的选择

多数农业废弃物可用于生产长根菇，如玉米芯、稻秸、麦秸，以及涉农加工业的废弃物如木糖渣、糠醛渣、中药渣、酒糟等。长根菇的生物学特性与鸡腿菇很相似，其栽培配方中可以加入适量处理的木屑，可见其适应性很强。

二、生产配方的设计

麦秸、稻秸的应用已是常态化操作，根据各种原料的数量，设计如下配方供参考：

（一）以花生壳粉为主料的栽培配方

花生壳粉 200 千克，菌渣 150 千克，玉米芯 150 千克，麦麸 100 千克，玉米粉 50 千克，豆饼粉 12 千克，石灰粉 14 千克，石膏粉 7 千克，尿素 4 千克，复合肥 6 千克，食用菌三维营养精素 360 克。花生壳粉加入石灰粉 6 千克，玉米芯加入石灰粉 5 千克，拌匀后分别堆闷 3 天、2 天，然后共同拌料，常规装袋即可。

（二）以杨树皮为主料的栽培配方

杨树皮 300 千克，玉米芯 150 千克，沼渣 150 千克，麦麸 100 千克，玉米粉 50 千克，豆饼粉 6 千克，石灰粉 12 千克，石膏粉 5 千克，尿素 2 千克，复合肥 6 千克，食用菌三维营养精素 480 克。杨树皮粉碎成为木屑状，加入石灰粉 6 千克，玉米芯加入石灰粉 4 千克，拌匀后分别堆闷 4 天、2 天，然后共同拌料，常规装袋即可。

（三）以阔叶木屑为主料的栽培配方

阔叶木屑 200 千克，中药渣 200 千克，酒糟 100 千克，麦麸 100 千克，玉米粉 50 千克，豆饼粉 8 千克，石灰粉 15 千克，石膏粉 6 千克，尿素 4 千克，复合肥 8 千克，食用菌三维营养精素 480 克。阔叶木屑加入石灰粉 6 千克，玉米芯加入石灰粉 4 千克，中药渣加入石灰粉 4 千克，拌匀后分别堆闷 4 天、2 天、2 天，然后共同拌料，常规装袋即可。

（四）塑料袋规格

一般可选择宽 20～22 厘米的折底袋，装袋高 20 厘米左右，装干料 500 克左右。装袋要求：尽量使用机械装袋，装料要均匀；用海绵套环封口。

三、栽培管理技术

（一）栽培方法

具体可参考第二章第五节相关内容。

（二）创新栽培法

具体可参考第二章第五节相关内容。

（三）覆土材料

具体可参考第二章第一节相关内容。

（四）出菇管理

菌床或菌袋大约经过40天发菌，菌丝长满全袋，再经约30天的后熟培养，即可达到生理成熟，此时已具备出菇的生理条件。

幼蕾管理：达到生理成熟的菌袋，打开袋口，1～3天即可见料表发生黑褐色点状物，即为菇蕾。该阶段即可提高菇棚内空气相对湿度至85%以上，温度22～26℃，并保持相对稳定。

幼菇管理：如有控温条件，逐渐把棚温降至24℃左右，空气相对湿度控制在90%左右，并有微弱的通气，仅需3～5天，菇蕾即已长成为幼菇，色黑、直立挺拔，基本菇形已形成。

成菇管理：合适条件下，幼菇仅需数日即可长成成菇，并有孢子散发出来。

（五）采后管理

在菌伞欲开未开时，子实体即已达成熟状态，即应采收。采收时应注意，最好佩戴乳胶手套、轻捏菌柄、旋转扭下，一丛菇要整株采下，不可拔大留小。采下后轻轻顺序排于采菇盘上，不可颠倒置放，随即快速送入整理室进行降温、削根、分级、装箱等一系列操作。

采收后，应随即清理畦面，挑出断、碎菇根及露出的菌索等，整平畦面，并对菌畦和菌袋进行补水。然后关闭棚门，打开通风口，进入养菌阶段，静待下潮菇蕾的发生。

四、病虫防治技术

(一) 杂菌防治
具体可参考第二章第一节相关内容。

(二) 主要病害的防治
细菌性病害：菌盖有黏液是主要症状，与袋内积水和覆土材料没有进行有效处理有关。

黏菌引起的病害：在长期高湿的环境下易发生，只要经常通风即可控制，或者用草木灰溶液防治。

真菌性病害：具体可参考第二章第五节相关内容。

(三) 虫害的防治
具体可参考第二章第一节相关内容。

第三章　农业废弃物生产木腐型食用菌技术

第一节　香　菇

香菇是我国的传统食品和出口产品之一，也是亚洲消费者喜爱的健康食品，近年来逐渐被欧洲等地区的消费者所接受。

国内的香菇生产，由浙江开始，逐渐发展至南方数个省份，20世纪90年代中期以后，南菇北移发展至河南、山东、河北以及东北地区，香菇在新区的发展甚至超越了浙江、福建等地，如河南的泌阳花菇、西峡香菇，河北的遵化香菇、平泉香菇，山东的惠民香菇等，无一不标志着人们对香菇的喜爱和香菇产业的蓬勃发展。只要继续增加相关投入，加强科普力度，加强科技引导和市场建设，我国的香菇产业乃至食用菌产业将会更加健康快速地发展。

一、废弃物原料的选择

由纯野生、段木砍花、纯菌丝培育打孔接种、木屑栽培等一步步发展到今天，我国的香菇栽培技术已经非常成熟。

（一）段木栽培

段木栽培香菇属于香菇发展史上比较原始的方法，只是国内大部分地区缺乏林木资源，无法实现大面积商品栽培，并且国内外均有针对性较强的法律法规限制林木采伐。截至目前，森林资源丰富的地区，仍有少量段木栽培。段木栽培最大的优势就是一次接种、多年收获，而且香菇质量较高。段木香菇属于紧缺资源，商品价值较高。

（二）代料栽培

香菇栽培的主要原料是木屑，香菇的生物学特性决定了其资源选择的范围不大，不如平菇、双孢蘑菇等品种，甚至较其他木腐菌品种小很多。除了原始和次生林业资源以外，我们还有很多人工速生林，还有大量的果树资源等可供选择，可以满足香菇栽培的需要。

栽培香菇时，我们主要利用树木伐倒后剩余的枝杈，加工板材或制作木制品后剩余的边角废料以及木屑，果树修剪后落地的枝条以及果园淘汰后的果树资源等。

温馨提示

注意：采购木屑时，必须事前检查防范、事后检查确认，以确保其中不含有松、杉、柏、樟树的木屑。此外，还要严格检查是否有国槐、刺槐的木屑在内。

此外，尚需一定比例的有机氮，可以由麦麸或米糠提供，还需要尿素、复合肥、石灰粉、石膏粉等辅助材料。

这里请大家关注几个常用材料，即木屑、木片、刨花。日常生活或生产中，我们通常把机械带锯或者人工大锯加工板材时的遗留物称为木屑。现在很多香菇生产企业或香菇菌棒生产企业自备专用加工设备，将段木、枝条、树根、树桩劈开后投入机器，即可产出长宽均为 0.3~0.8 厘米、厚 0.2~0.4 厘米的小木片，该种规格的木片用于香菇栽培，具有耐分解、营养多、出菇大等优势，尤其适合长菌龄菌株的栽培，虽然成本高，但是菇品的品质也高，特别适合培育花菇或用于高档消费地区。木器企业遗留大量的细木屑和刨花，该种刨花已经不是传统意义上的手工长卷刨花了，而是短短的薄片，尤其木地板和家具生产企业，这两种下脚料过去都是企业的包袱，现在，只要是合格的阔叶树种原料，均可用于香菇栽培，家具生产企业不但没有了包袱，而且还会因此获得一部分销售收入。

（三）秸秆栽培

20世纪80—90年代，本研究团队做过棉籽壳栽培香菇的试验，结果发现棉籽壳栽培香菇发菌良好、出菇很少、投入产出比严重失调。芦苇可作栽培原料，可以出菇，但是效果不尽如人意。

二、生产配方的设计

（一）锯末配方

锯末1 800千克，麦麸200千克，玉米粉40千克，木片1 000千克，复合肥10千克，石灰粉20千克，石膏粉10千克，轻质碳酸钙15千克，香菇专用添加剂1千克。

技术要点：第一，锯末必须纯净，不能混有松、杉、柏、樟等树种的锯末，如有槐树、桃树等树种的锯末，其比例不得超过20%；第二，如混有部分槐树、桃树等树种的锯末，则应将锯末加石灰粉后进行堆酵，5天后再拌料；第三，木片应以稍大为佳，可保证基料具有良好的通透性。

（二）木屑配方

木屑450千克，麦麸50千克，玉米粉10千克，复合肥2千克，石灰粉5千克，石膏粉2千克，轻质碳酸钙2千克，香菇专用添加剂0.5千克。

（三）棉秸秆粉配方

棉秸秆粉450千克，麦麸30千克，豆饼粉10千克，玉米粉10千克，尿素3千克，过磷酸钙10千克，石灰粉7千克，石膏粉5千克，轻质碳酸钙3千克，香菇专用添加剂0.5千克。

技术要点：第一，棉秸秆粉的颗粒度要合适，过细则影响通透性，过粗则易扎破塑料袋，且基料间隙过大；第二，为分解棉秸秆中残留的农药，采取加大石灰用量的方法，并且进行短期堆酵，使农药残留尽量分解，同时，堆酵过程也有利于原料对尿素的吸附。

（四）操作要点

第一，确认原料的纯净度，以免发生接种后不发菌、出菇少等问题；第二，含水量要力求合适，尤其大袋栽培时，应适当减少用水量，但做长棒时，适量增加用水才是明智的选择。

（五）辅料的选择

1. 麦麸 尽量新鲜、不受潮、不结块。偶有生虫，如果是黄粉虫、谷蛾等，可正常使用，但生螨虫的麦麸则不要使用。

2. 米糠 要求新鲜、未受潮。高温季节偶有生谷蛾、甲虫的米糠也可使用。但是，一旦生螨虫则不要使用。

3. 豆饼粉、大豆粉 应仔细检查其纯度，以防掺杂掺假。建议直接选购豆饼或大豆，然后自己加工成粉，虽然多一道生产工序，但却保证了辅料的质量。

4. 棉籽饼粉 棉籽饼是棉籽榨完油后剩下的残渣做成的饼。

5. 复合肥 选择正规供货商，拒绝上门推销的肥料；选择大品牌，尽量不用"新产品"。

6. 尿素 一种技术成熟的产品，正规厂家生产的即可。

7. 过磷酸钙 选择正规厂家生产的产品。

8. 石灰粉 含水量低。感官标准是色白，具呛鼻的刺激性气味。水溶性检查：加入水中后，立即变为白色灰浆或悬浮液，用防虫网过滤后，几乎没有残渣。

9. 石膏粉 不要价格较高的熟石膏粉，用建筑上用的石膏粉即可，虽然杂质较多，但是效果不错、价格低廉。

10. 轻质碳酸钙 生产企业较少，因该产品市场不大并且价值不高，所以少有假冒伪劣产品。

11. 香菇专用添加剂 这是本研究团队根据香菇生长的基本特

点及其对中微量元素的需求，按照"木桶理论"设计的一种纯营养型添加剂。其特点主要是符合香菇菌丝及子实体生长对营养的需要，只要常规配方和管理，香菇生长就不会缺素，也不会造成营养浪费，即可获得理想的生产效果。据测算，投入产出比高达1∶4以上。

12. 富硒香菇营养料　这是为生产富硒香菇而研发的专用型辅助材料，将其按照使用说明用于生产后，产出的鲜香菇含硒量可以达到500～1 000微克/千克，有利于人体增强免疫力等。

13. 功能香菇营养料　所谓功能香菇，就是除含有一般香菇所含有的营养元素外，还含有一般香菇没有的营养元素，赋予香菇更多的保健或其他特殊功能。

三、栽培管理技术

(一) 料袋制备

1. 拌料　尽量采用机械操作，大批量生产时，在水泥等硬化地面上铺厚原料，采用小型拖拉机拖带旋耕机进行拌料，效果很好。无论采取哪种方式，拌料一定要均匀。主要原料和辅料要拌匀、水分要拌匀、pH均匀。拌料后，堆放一夜，使原料进一步吸水、软化。现在小规模生产者多采用移动式拌料机进行拌料，大中型生产者多采取成套设备进行拌料，不会发生拌料不均匀、存在干料等问题，同时解决了基料中存在金属等异物的问题，效果较好。

2. 装袋　装袋前，一定要重新翻料、测定水分含量及pH，并进行调整。根据主要原料和颗粒大小等具体参数掌握含水量在50%～60%，pH调为7左右，料温下降至30℃及以下。

装袋可以在机械或人工拌料的基础上，使用装袋机进行操作，一般每台装袋机需要6人操作，目前，一些小规模生产者开始使用该方式。传统的人工装袋，速度慢、效率低，而且装袋的松紧度不同，但由于该方式适合我国"千家万户齐上阵"的生产模式，所以，至今仍为我国香菇生产散户的主要操作方式。但香菇生产企业基本上完全依靠机械操作。机械操作现在已经基本解决了香菇生产企业采用传统操作方法用工量大、难以管理和支出高、菌棒质量参差不齐等系列难题。

基本要求：第一，检查塑料袋，是否完好无损，不可有破洞、裂口等，关键要检查是否存在不易看见的微孔，不要使用质地差、拉力不够的塑料袋，这样的塑料袋易被扎破。例如，某企业使用某品牌的低压聚乙烯塑料袋作菌袋，接种后半个月内木霉菌污染率高达30%以上，各环节都未能找出原因，在无意间抚摸污染菌袋时，感觉有些扎手，经仔细查看，发现每个污染点有一个小孔，孔的大小可穿过牙签尖。据分析，应为塑料袋自身质地问题，抗拉力达不到要求，被木屑顶破。第二，装料要松紧适中、均匀一致。经过培训后，专业操作工使用装袋机产出的料袋完全可以达到该要求，而人工装袋则很难达到。第三，装袋后、扎口前，袋口内壁应清理干净，不要让基料黏附在扎口处的塑料袋内壁上。第四，扎口要紧实，不漏气。

3. 灭菌　香菇采用熟料栽培，装好的料袋必须经过灭菌处理，杀灭基料中的所有微生物活体后，才能进行下一道工序。在香菇生产上，主要采取湿热灭菌法。湿热灭菌分为高压灭菌和常压灭菌两种。高压灭菌必须使用相应的高压灭菌设备，如高压灭菌罐、高压灭菌柜等，一般控制压力在 $0.15\sim0.2$ 兆帕，维持 $1.5\sim2$ 小时即可达到灭菌目的。

温馨提示

这里请注意一个问题：必须购置具有生产资质的企业生产的高压灭菌设备，而不要随便购买，更不要私自制作，多年来各地已经发生不少设备爆炸、伤及人命的事故，我们都应吸取教训。

常压灭菌一般指的是100℃蒸汽灭菌，现在企业生产上多以大型灭菌包为主，中小规模生产者多用蒸汽灭菌包。基本技术要求：第一，要根据蒸汽发生量进行排袋，不可过多，否则无法达到理想的灭菌目的；第二，一定尽量缩短灭菌开始至达到额定温度的时间，也就是要尽快升温；第三，维持时间内的蒸汽发生量要保持均衡。还有一种高压蒸汽常压灭菌方法，即采取通入高压蒸汽、按常压灭菌的方式进行灭菌的方法。具体操作是在硬化地面上将料袋排成较大的灭菌垛，每个垛2 000～4 000个料袋，覆盖塑料膜和遮光物，形成一个大灭菌包，然后往垛底通入压力为0.15～2兆帕的高压蒸汽，根据灭菌要求，连续通入蒸汽，直至达到预定的灭菌时间。该方法只要一台2米³蒸汽量的锅炉，即可满足约2 000个料袋的灭菌，可以实现连续作业。或者使用火力发电厂等企业的多余的蒸汽，而无须购置灭菌罐等设备，即可实现流水生产。常压灭菌需注意以下3点：

第一，料袋应"井"字形排列，以使蒸汽能均匀穿过。

第二，大批量生产时，灭菌包可堆放2 000袋以上，因此，一定要使灭菌包堆内有空心，即周围可排放5～6排，中间形成2～4个料袋空间的方形空心，以最大限度地积蓄蒸汽，灭菌包呈长方形时，可设置多个方形空心。

第三，测量料袋温度时，应以底部料袋中心的温度为准，一般在快速通入高压蒸汽后，约3小时料袋温度即达95℃左右，此时即可开始计时，保持该温度（或略有上升）20小时以上，即可结束灭菌，具体操作时要根据料袋的规格、原料颗粒的大小等具体情况而定。

4. 冷却　完成灭菌后，一般应等料袋温度降至40℃左右时才取出，但如果是连续生产，则应在停火（汽）后5～8小时取出料袋进入冷却室，以不耽误下一批料袋继续灭菌。

检测灭菌效果：每个灭菌包随机分层抽取10个左右料袋，放置于检验室，调控温度为 25～35℃，静置 15 天左右，观察基料是否有污染，以便确定灭菌效果。

（二）接种

接种是整个香菇生产中至关重要的一环，必须引起高度重视。接种环节的主要操作要点如下：

1. 彻底冷却 检查料袋确定其已冷却到 30℃ 左右或常温水平。

2. 前两次杀菌 第一次，在料袋进入接种室前，使用赛百 09 400 倍液对接种室进行彻底消杀，然后密闭门窗。第二次，料袋进入接种室后，室内喷洒百病傻 500 倍液，40 分钟后即可开始接种操作。现大多使用接种净化机，开机 10 分钟即可进行接种操作，效果很理想，而不会再用接种箱类的设备了。

3. 处理菌种 对菌种的消毒处理，大多数人往往不太注意，实际上，这是一个很重要的但却易被忽视的环节。其实操作很简单，配兑适宜浓度的赛百 09 溶液或 75% 酒精，将菌种瓶（袋）投入其中滚洗一下即可达到目的，滚洗后的菌种瓶（袋），即可在第二次杀菌前放入接种室或接种箱内。

4. 接种操作 接种操作三消毒：第一，操作人员进入接种室，或双手进入接种箱前，应使用 75% 酒精棉球将手、手臂擦一遍；双手进入接种箱后，再擦一遍；第二，将打孔棒、镊子用 75% 酒精消毒；第三，打孔之前，用 75% 酒精棉球对料袋表面待打孔的一面进行消毒。实际生产中，可使用赛百 09 300 倍液替代酒精。注意：赛百 09 属碱性药物，使用时应该佩戴乳胶手套，尽量不要使药液与皮肤直接接触。

5. 打孔接种 先在待接种的一面，用打孔棒打深 3 厘米左右的孔，孔距 4～6 厘米，接种孔呈梅花状分布或直线分布均可。料袋宽超过 25 厘米时，应双面接种，一般小规格料袋可只接单面，也可接两面。打孔后，即应及时将菌种块插入，并尽量插深。

注意：菌种块应稍高于塑料膜，完全封住接种孔，使基料没有暴露。凡是菌种块封住接种孔的，一般不会发生污染。

6. 套袋扎口　料袋一经接种，即成为菌袋。接种后，使用备好的新塑料袋，将菌袋套入，并扎好口。依次完成接种后，即可将菌袋搬进培养室，进入发菌工序。因为套外袋增加生产物料的成本，增加了工作量，也就是增加了人工成本，近年来，有的企业采取了刷保护层免外袋的办法，效果尚可。但是，任何事物有利就有弊，该种保护层是多种化学原料配兑而成的，是否会污染香菇基料并残留在菇品中，尚无人进行专项试验，所以，该种保护层尚处于观察阶段，可以使用，但建议暂缓推广，待有确切试验数据证明没有问题后再宣传推广。

7. 第三次杀菌　将完成接种的菌袋搬进培养室后，接种室应清理卫生，将冷却好的新料袋搬进来，喷洒一遍赛百 09 后，进行下一轮的接种操作。周而复始，直至完成全部接种。使用接种净化机操作时，无须进行类似处理，只要在工作时间内连续进行接种操作即可。

（三）发菌管理

发菌阶段的任务，主要就是保证菌袋内菌丝生长所需要的条件，具体管理为：

1. 菌袋排放　冬季可以密集堆放，码放 6～10 层高，上覆塑料膜或保温被等，以使菌袋之间有稍高的温度，保证菌丝在较好的温度条件下快速萌发、生长。夏季则应"井"字形排列，码放 4～6 层高，并且密切观察温度变化情况。其他季节可根据具体温度等条件决定如何排放以及码放高度等。尽量使菌袋温度为 10～30℃，最好为 24℃左右。经常通风，不使堆内二氧化碳浓度过高，一般可控制在 0.5% 以下，尤其冬季保温时要特别注意，一般每 7 天左右掀开覆盖物一次即可。将温度计插入码堆的中央部位，尤其夏季，每天应观察 2 次以上，严防烧菌的发生。一般应控制低温季节的菌袋温度在 25℃ 以下，高温季节在 28℃ 以下，当然，如果安装相应的控温设备则是最安全的。

2. 脱袋拔种 当菌种块周围的菌丝呈放射状生长，向外伸长 3～5 厘米后，采用段木基质菌种的就要及时脱掉套袋、依次拔去菌种块，利用原接种块拔掉后的空闲处对菌丝进行增氧，促进其生长。要注意，脱袋拔种不可操之过急，因为接种孔较深，如果菌丝尚未完全占领接种孔周围，拔掉菌种块后，很容易造成杂菌污染。使用传统木屑菌种的可以顺其自然，无须拔种。采用地膜单层全覆盖培养的菌袋，应将地膜撤掉，继续码垛发菌，如北方地区气温偏低，可用地膜覆盖菌垛顶部，甚至还可加覆一层保温被。

3. 打孔增氧 第一次打孔：适宜温度下，脱袋拔种后 7 天左右，即应对菌袋进行打孔，目的是对菌袋进行增氧，促进菌丝更好地生长。使用打孔针，在菌丝生长尖端后面的 1.5～2 厘米范围内，扎深约 0.5 厘米的小孔，在培养室温度低于 20℃ 的条件下，助长效果很明显，但当温度高于 25℃ 时，则不要采用。第二次打孔：当菌丝在菌袋表面占有 1/3 面积时，即可按上述操作进行第二次打孔。第三次打孔：在转色完成后、浸泡前进行，使用较粗的打孔针操作即可。该次打孔可以增加袋内通气；该次打孔较深，一般均在 5 厘米以上，有利于浸泡；给菌袋一个较强的刺激，促使其出菇早、出菇齐、出菇密。

对于规格较大的菌袋，可以进行多次打孔，尤其在菌丝占领约 50% 面积后，可以间隔一周左右打孔 1 次，连续打孔 3 次左右，并在完成发菌后使用较大规格的打孔针，打孔深一些。现多采用机械打孔，但对于小型生产者而言，购买专用机械是不太现实的。

4. 分散排列　打孔增氧后的菌袋，菌丝生长速度明显加快，袋温会有不同程度的升高，因此，应按三角形排列法重新码堆，尽量不要采取"井"字形码堆，绝对禁止密集型排列。三角形排列法占地面积较大，培养室空间不足时，可移至室外进行培养，但要适当遮阳和覆盖。

（四）转色管理

转色在出菇之前，应属于发菌范畴，但是在食用菌发菌管理中，大多数品种没有该项管理。虽说转色是一种生物特性，应该归于发菌过程，但似乎又有点勉强，原因就是未经转色的香菇菌棒同样可以出菇，而且具有香菇的特征。鉴于此，本书将转色与发菌区分开，单列为一项管理程序，请读者理解并予以关注。

转色与出菇的关系十分密切，千万马虎不得。未转色的白色菌袋，或转色很差的"花菌袋"，尽管也出菇，但菇体密、小、薄，多畸形，商品价值很低，而且二次污染概率大、抗性很差。因此，必须加强管理，使之成功转色。转色管理的具体措施如下：

1. 温度调控　完全发满菌的菌袋，即可进行码堆转色，温度在12℃以下时，按"井"字形排列，码高6～8层，每垛4～6排，上覆塑料膜但周边敞开，以利通风，晚间加覆草苫保温，间隔1天掀开覆盖物1天，加强对菌袋的刺激，迫使其表面的气生菌丝倒伏，加速转色。气温在13～20℃时，如按"井"字形排列，则可码高6层，每垛3～4排；气温在21～25℃时，则应采取三角形排列法，码高4～6层，每垛2～4排；气温在26℃以上时，地面浇透水后，菌袋应斜立式单层排列，上面架起一层覆盖物遮阳。

2. 湿度调控　气温在20℃以下时，基本不必管理。但当温度较高时，则应进行湿度调控，以防袋温过高或菌袋失水过多。主要方法是地面浇水、洒水或喷水，或者向覆盖物上喷水等。湿度管理的标准，以转色后的菌袋失水量为判定依据。转色完成后，一般菌袋的失水量约为20％（其中包括发菌期间的失水），或者说转色后的菌袋重量只有接种时的 80％左右。如果重量降低过多，说明转色期间的湿度管理过于松懈，应当总结经验教训，以防类似问题继续发生。

3. 通风管理 转色期间的通风管理十分重要。通风的作用一是排除二氧化碳，使菌丝吸收新鲜氧气，增强其活力；二是不断地通风可调控垛内温度，使之均匀，并防止烧菌的发生；第三，适当地通风可迫使菌袋表面的白色菌丝集体倒伏，向转色方向发展；第四，通风可以调控垛内水分，尤其温度达 20℃以上时，通风更显出其必要性和不可替代性。一般通风的措施为：通过调整覆盖物来保持垛内的通风量；在加大温差时晚间揭开覆盖物，即有较好的通风效果。当转色一周左右时，进行 1～2 次倒垛，这是最好的大通风措施，效果很好。

4. 光照管理 光照对于转色十分重要，没有适宜的光照，菌袋的转色就无法正常进行。光照管理很简单：揭开覆盖物、进行倒垛、大风天气时将菌袋直接裸露任其风吹日晒等。日常观察时也有光线进入。

5. 杂菌预防 转色期间，结合通风、倒垛等管理，每 5～7 天对菌袋进行一次药物预防，对于减少杂菌及病原菌的侵入具有很好的效果，可选择赛百 09 和百病傻交替喷洒，不要使用高毒、高残留的药物，以免香菇不能保持"绿色"而降低商品价值。

6. 虫害预防 转色期间每隔 3 天左右对菌袋喷洒一次"高效驱虫灵"，对菇蚊、菇蝇进行驱避，同理，不要使用高毒、高残留的药物。必要时，可适量施用氯氰菊酯，但注意浓度要低，并且不要将药物直接用于基料。

7. 质量特征 完成转色的菌袋，色泽为棕褐色，具有较强的硬度和一定的弹性，但原料的颗粒仍较清晰，只是色泽发生变化，手拍有类似空心木的响声，基料基本完全脱离塑料袋，割开塑料袋，菌柱表面粗糙、硬实、干燥，硬度明显增加。但棕褐色与白色相间或塑料袋与基料仍紧紧接触的菌袋，为未转色或转色不成功的菌袋，应根据具体情况处理。

（五）出菇管理

要生产出高质量的厚菇和花菇，应尽量选择低温季节栽培，并采用小高棚栽培模式。该栽培模式是由小棚大袋的栽培模式改造形成的。以此为例，简要介绍一下该种栽培模式的出菇管理：

1. 菇棚建造　一般小棚的面积约为 20 米^2，设置 5 层出菇架，每棚可排放约 500 个菌袋。基本构造是：先在地面上绑扎层架，棚长 7 米、宽 2.8～3 米，两排层架，各长 7 米、宽 0.8 米、高 1.6 米，中间是作业道，出菇架每 0.3 米为一层，连地面一层共有 6 层。层架绑扎并固定好后，用大棚膜将之围盖好，两头作为进出口。将地面整平后灌水，待水渗下后即可将转色后的菌袋逐层排入了。

2. 催蕾　一般催蕾前的菌袋无须浸泡处理，但如果基料水分不足或失水过多，则应浸泡后再催蕾，以使第一潮菇尽量多而肥大。可采用水池浸泡，也可直接使用注水法。催蕾的方法有很多，一般常用的方法如下：

（1）自然催蕾法。浸泡后的菌袋排入菇棚，加强通风和光照，不需要任何辅助措施，数日后即可自然现蕾。

（2）惊蕾催蕾法。对菌袋采用木棒敲击、地下滚动等办法，使之受到"惊吓"，现蕾速度较快。

（3）强光催蕾法。对棚内地面浇水，使之保持较高湿度，然后揭开草苫等遮阳覆盖物，使棚内进入直射光，对菌袋进行强光刺激，很快即有菇蕾出现。但要密切观察，一旦棚温达到 30℃时，即应立即遮阳，并向棚顶喷水降温。

（4）温差催蕾法。准备鼓风机和喷水器械，揭开草苫等遮阳覆盖物，利用阳光对菌袋进行强光刺激，棚内温度也急剧升高，待升至 30℃时，进行保温处理，使 30℃保持到太阳落山后，揭掉覆盖物，打开进出口，先用地下水对菌袋进行快速降温，然后打开鼓风机向棚内吹风，最后利用晚间自然降温，棚内温差可达 15℃以上，催蕾效果不错。

3. 育蕾管理 该阶段的主要管理任务是割膜和疏蕾。菇蕾出现后，仅仅是一个个灰白色的小疙瘩，还没有分化，但也没有触及塑料膜。此时，应及时进行割膜处理。使用锋利的刀（现多使用壁纸刀），环绕菇蕾将塑料膜切割约 3/4，使之保持一个活动门扇的样子，既不妨碍菇蕾从中钻出，又可防止过大的风进入，以避免基料的水分损失过多。注意不可待菇蕾触及或顶到塑料膜后再割膜，否则将会产生畸形菇。要知道，畸形菇的价值是很低的。在割膜时，或者在幼蕾钻出后，若发现丛生的菇蕾，即应进行疏蕾处理，方法很简单，用刀尖将边缘的菇蕾切去就可以，如果操作不方便，也可以只将其上半部分（大约是菌盖部位）削去。

4. 蹲蕾管理 作物栽培中，有一个"蹲苗"的做法，在香菇生产中，也有类似的措施，就是蹲蕾，目的就是培育个大、肉厚的厚菇或花菇，做法很简单，就是降温。如幼蕾喜欢在 15～22℃的环境下生长，在 14℃下的生长速度明显下降，如有条件，降温至 12℃左右，甚至 8℃左右，则可达到蹲蕾的目的。如果配合短时的直射光和偏低的空气相对湿度，蹲蕾效果更好。

（1）温度调控。根据栽培菌株的生物学特性进行恰当管理，无论菌株的温型如何，最好将温度控制在下限的偏上范围，尽量不接近上限。如某中广温型菌株，出菇温度为 12～25℃，可将温度调控至 15～18℃，如此便是香菇子实体理想的生长温度条件了，当然，如果调控在 15℃左右，香菇的质量将会更高。如果温度多保持在上限水平，香菇品质将会大打折扣。一般香菇的子实体发育阶段以 15～22℃为适宜条件，低于 5℃时，子实体无法分化和发育，即便是高温型菌株，高于 28℃时，子实体发育速度快，但菌肉薄、易开伞、色泽浅、品质差。

（2）湿度调控。实际生产中，主要的湿度管理措施就是地面浇灌、墙体喷水、空中喷雾等。子实体生长期间，一般需要保持空气相对湿度为 85%～95%。但是，除非是自动化生产，否则很难保持该指标的稳定性。因此，应允许在一定范围内浮动。根据香菇特殊的生物学特性，子实体生长期间需要一种"干干湿湿"的环境，甚至个别时段低于 80%，甚至达到 100% 也是允许的。比如采收之后、增湿之前湿度往往低于 80%，但是喷水后往往可以短期达到 100%。只要时间短暂，就不会对子实体生长产生很大的影响。如因长时间管理不到位，使空气相对湿度连续数日在 70% 以下或保持饱和状态，则会对子实体造成不可逆转的影响，严重者还会诱发某些病害，对生产造成较大损失。培育花菇时，需要相对干燥的环境，并且需要较低的温度条件配合，才能产出理想的花菇。对于大部分生产而言，出菇阶段以保湿为主，应调控空气相对湿度在 90% 以上，如果培育花菇，则可根据其不同发育时期将空气相对湿度调控至 50%～70%，甚至在某个时段低于 40%，以利于产出真正的天白花菇。

（3）通风换气。除保温等特殊要求外，一般要求棚内要有较新鲜的空气，应控制二氧化碳浓度在 0.05% 左右。具体生产中，可本着"常通不止，保持新鲜，但勿使大风进棚"的通风原则，高温季节，坚持晚间通风，低温时段则在 9：00—10：00 和 14：00—15：00 进行通风。外界风力较大时，可缩小通风孔。低温时段天气晴好无风时，可打开全部通风孔，甚至可以揭掉部分棚膜，以强化通风效果。需要注意的是，培育花菇时，表皮破裂露出菌肉后，就应保持有风的条件，特别是当外界空气相对湿度偏高时，还应进行干燥通风，有条件的可装抽湿机等。一旦棚内空气相对湿度超过 70%，仅需维持数小时，白色的菌肉组织表面即可再生出褐色的表皮，长成即是茶花菇，商品价值大大降低。

（4）适当光照。一旦光照不足，香菇就会变黄变暗，商品质量降低。一般在子实体生长过程中，500 勒克斯左右的光照度即可满足。该种光照度可以满足一般生产者很清楚地在菇棚内进行各项管理，并可以进行生产管理记录、查阅资料等活动。除特殊栽培环境，如天然山洞等场所需要增加人工照明外，菇棚内可根据子实体的生长要求，通过揭盖覆盖物来调控棚内的光照度。

还有的栽培管理模式是为了供应鲜菇或水菇，即在中温或高温条件下，利用大棚、斜立棒、高湿度，收获含水量较高的香菇，满足市场的时令性需求。栽培模式有很多，如大棚斜立棒栽培、大棚层架脱袋栽培、连片棚地栽培等。其中，大棚层架脱袋栽培的香菇质量高，大棚斜立棒栽培的香菇质量可高可低，连片棚地栽培的香菇质量最低，但产量最高，故其生产效益并不低，如河北遵化、平泉等地的地栽香菇。

　　无论采用何种栽培模式，对温、水、气、光的综合管理原则是：通风第一，温度第二，水分第三，光照第四。

（六）适时采收

1. 采收标准　香菇的采收标准，应当根据市场需要和培育方向而定，没有完全统一的标准。比如培育花菇，若仍处低温时段，但该低温时段又不能满足再培育一潮菇的时间，则应延长培育时间，使之继续缓慢生长，增加花菇的产量并同步提高质量；如果培育鲜销水菇，则应在菌盖尚有卷边（铜锣边）时采收，既可保障约八分熟的新鲜度，又可使本潮次的产量达到最大；如果在温度偏低时段培育高品质厚菇，则可掌握尽量不在拉膜时采收，以最大限度地保障香菇的高品质；一般厚菇可在拉膜后、卷边较大时采收。

2. 采菇前的准备工作　清理加工及贮存场所，并使用防虫网等将之围起。操作时必须按要求戴手套、头套等。对于采收工具，应使用75%酒精进行擦拭，不要使用某些杀菌药物，以免香菇被污染。

3. 采收操作　采收的原则是根据当时子实体的状态、市场需求以及菌棒的失水状况进行采收。薄菇全部采收后，应随即进行分级处理，至少分为两个级别，即挑出菌盖为4~5厘米的以后，其余的为一个级别，注意尽量不要以统货上市，以最大程度地提高香菇的商品价值。

（1）花菇。原则是采大留小。根据经营计划或市场要求，如不牵涉菌棒泡水等问题，采摘合适的，留下可以继续长大的。如菌棒失重达到35%左右，则应考虑一刀切，全部采掉，以便处理菌棒，方便下潮菇发生和管理。

（2）厚菇。原则是采大留小。根据经营需要和市场要求，一般应留下规格尚小的继续生长，只待数日后达到要求再采，以提高正品率和商品价值。但是，也要根据具体时段和菌棒失水状况而定，不要因小失大。

（3）薄菇。原则是一刀切采收。只要大部分达到可采规格，即无论大小一次性采收，以便节约人工支出，并可及时处理菌棒，方便统一管理。

（七）鲜菇整理

采菇后，应按计划要求随即进行剪柄、分级、包装、烘干等工作。应注意三点：第一，应按生产经营计划进行，不要随便更改；第二，不要使鲜菇接触规定以外的任何药物，尤其不要接触化学药物；第三，分级包装之前应进行预冷处理，包括包装箱等均应一起预冷。

我国对鲜香菇的分级没有干香菇严格，一般分为特级、一级和二级，具体要求可参见《香菇等级规格》（NY/T 1061—2006）。

（八）短期贮存

对于需要暂时保鲜的香菇，应按规定设置温度条件，但是不要盲目使用保鲜剂之类的药物。实在需要的话应注意两点：第一，使用化学方法保鲜时，应严格按照国家相关规定，不得违规超量使用；第二，对一些尚未进入相关规定目录的保鲜剂，必须经过试验后并送检，确认符合相关食品安全要求后再用于生产。

这里需要特别提出的是：菇品出口时，除非双方有合同规定，否则，不得添加任何种类的保鲜剂，这是红线，不得逾越。

（九）干菇分级

香菇的商品等级是根据菌盖的花纹、形态、菌肉、色泽、香味和菇体大小来划分的。

我国出口企业根据消费传统和国外市场要求，一般将干香菇分为三类，即花菇、厚菇（冬菇）、薄菇（香信），再按菇体大小每类分为三等，菇粒较小的厚菇和薄菇，则统称为菇丁。具体划分标准如下：

1. 花菇 菌盖有白色裂纹、呈半球形、卷边、肉肥厚、褐色，菌褶浅黄色，柄短，足干，香味浓，无霉变，无虫蛀，无焦黑。其中1级品菌盖直径在6厘米以上，2级品菌盖直径为4～6厘米，3级品菌盖直径为2.5～4厘米，破碎不超过10％。

2. 厚菇 菌盖呈半球形、卷边、肉肥厚、褐色，菌褶浅黄色，柄短，足干，香味浓，无霉变，无虫蛀，无焦黑。其中1级品菌盖直径在6厘米以上，2级品菌盖直径为4～6厘米，3级品菌盖直径为2.5～4厘米，破碎不超过10％。

3. 薄菇 菌盖平展、肉稍薄、棕褐色，菌褶淡黄色，柄稍长，足干，无霉变，无虫蛀，无焦黑。其中1级品菌盖直径在6厘米以上，2级品菌盖直径为4～6厘米，3级品菌盖直径为2.5～4厘米，破碎不超过10％。

4. 菇丁 菌盖直径在2.5厘米以下的小朵香菇，色泽正常，柄稍长，足干，无霉变，无虫蛀，无焦黑。这里需特别指出一点：有的进出口单位喜欢将薄菇等进行切制，烘干后成为1～2厘米的方形菇丁，并且在合同中将之定名为"菇丁"，这与传统意义上"菌盖直径在 2.5 厘米以下的小朵香菇为菇丁"的概念不同，尤其在与外国客商签订商品供应合同时，一定要将商品进行详细描述，避免出现歧义。之前已有很多教训，后人应当吸取。

四、病虫防治技术

经常有人提到病虫害防治要以预防为主，真正能做到认真预防的寥寥无几，有的根本就不预防。一旦发生病虫害，大多数人都是先拖着，继而打点药试试看，病虫害蔓延之后，下猛药救治。加之一些农资售卖人对业务不熟，随便推荐一些高毒高残留但不对症的药物，从而导致施药无效、病情依然严重的后果。笔者认为，这样的情况是时下生产环境严重污染、病虫害猖獗的首要原因。时而笔者也会听到很多反驳病虫害防治要以预防为主这一观点的言论，比如"我没预防，照样生产不错""已经打药了，但病害还是发生"。关于第一种言论，没有预防也生产不错，也许是因为刚开始种植环境好，没有针对食用菌造成危害的病原菌，或者这种病原菌尚少，不足以引发病害；关于第二种言论，用药了依然发生病害，有可能是因为环境中已经有大量病原菌，用药量不够，不足以将病原菌杀死。真正的预防，包括农业措施、物理措施和化学措施，化学措施是在农业措施、物理措施未能发挥作用之后选择的预防措施，不是首选或唯一的预防措施。很多生产者往往将预防工作简单化，只想着在病虫害发生时用药，应该改变生产者这种错误的思维。

（一）病害防治

1. 香菇木霉病 该病是一种多发病害，病原菌为木霉菌，又称烂筒病，尤其在高温高湿的气候条件下，一旦暴发，几无扑灭之可能，很可能造成灭顶之灾。可用赛百 09 溶液涂刷或浸洗，发生严重时，可使用药粉直接撒覆病区，大面积发生时，可使用 200 倍赛百 09 溶液对生产区进行地毯式喷洒，连续两遍，然后配兑赛百 09 300 倍液浸洗菌棒，以控制病情蔓延。同时，在菇棚内交替使用百病傻和赛百 09 药物进行喷洒。另外，作为一种预防措施，适度控制基料含水量，不使含水量过高，提高发菌成功率，这是一种基础性预防措施。生产环境提前进行药物预防，并作为一种经常性措施，这是预防工作的关键之一。配备控温设备对于夏季发菌和出菇很有必要，看似只是改善了温度条件，实则对病害的预防可以起到非常理想的效果。

2. 香菇青霉病 青霉菌作为一种杂菌，可在香菇发菌出菇阶段侵染。菇体染病后，霉层覆盖的菌肉组织腐烂，病原菌迅速向四周蔓延，导致其他子实体及菌袋被感染。防治措施参考木霉病。

3. 香菇黑斑病 该病蔓延速度较快，一旦幼菇（蕾）基部被病原菌侵染，则停止生长，菇体迅速附着黑色霉层，发生腐烂。感病菇较正常健菇略有腐臭味。防治措施：强化转色管理，剔除感病菌袋，不要混放，杜绝传染；控温控湿，加强通风管理，适当调低空气相对湿度，一般保持在 80% 以下时，对病害的发生有一定抑制作用。发生病害后，将病袋移出棚外，连续喷洒赛百 09 200 倍液 2 次，或用 300 倍浸洗，杀死菌袋表面病原菌。感病严重的菌袋使用百菌清 600 倍液浸泡，进行堆酵处理后作为有机肥。

4. 香菇片菇病 病原菌孢子在香菇基料内萌发后，条件适宜时迅速形成优势，感染整个菌袋，如侵染较晚，香菇菌丝已发满菌袋的 50% 左右时，在菌袋上可形成明显的拮抗线，但由于病原菌的自然抗性，将在出菇之前快速形成子实体，并抑制香菇菌丝的发展和后熟，同时抑制香菇不再出菇。防治措施：彻底清理接种室、培养室及出菇棚周围环境，尤其陈年圆木、枯木、树桩等需清理干净，周围约 30 米范围内喷洒多菌灵 600 倍液和苯酚 200 倍液的混合溶液；病原菌基数偏高时，菇棚内喷洒苯酚 100 倍液，密闭 2 天后方可启用。注意：苯酚具有较强的腐蚀性，工作人员一定要佩戴乳胶手套进行操作，并杜绝药物与人体的直接接触。严格接种的无菌操作，培养室每 5 天喷一次药物杀菌，可交替使用百病傻 400 倍液、苯酚 200 倍液和赛百 09 300 倍液。发生病害后，将病袋移出，焚烧或深埋，也可使用赛百 09 200 倍液浸泡后打碎、堆醇处理，用作有机肥下地。

5. 香菇褶腐病 该病害侵染香菇菌褶，由于病原菌菌丝的作用，导致香菇菌褶相互粘连，白色病原菌菌丝逐渐覆盖整个菌褶，使得菇体停止生长，菌褶色泽趋深，菇体逐渐变软，直至糜烂。防治措施：参考香菇片菇病的内容，加强清洁、杀菌等预防性措施；加强菇棚的通风，必要时降低棚内空气相对湿度至 75% 以下，对病原菌有较好的抑制作用；发生病害后，及时将病菇及病袋移出棚外，使用百菌清 600 倍液喷洒或浸泡，堆醇处理后作为有机肥使用。

6. 香菇褐斑病 该病是香菇栽培中的主要病害之一。主要特征是感病菇体初期出现稍凹陷的褐色斑点，大小不一，明显特点是斑点的边缘色泽较重，而中间部位则色浅，为灰色或灰白色，有的病斑还会出现裂纹，病斑表面着生一层灰白色霉状物。防治措施：参考香菇片菇病相关内容，采取预防措施，进行菇棚处理；菇棚外使用百菌清 600 倍液喷洒杀菌；采菇盆、周转箱、割菇刀以及其他工具使用 75% 酒精或赛百 09 400 倍液浸泡或擦洗，然后再带入棚内使用；虫体带菌的可能性较大，应控制菇蚊、菇蝇，勿使菇蚊、菇蝇进棚；保持适宜的棚温和棚湿。

7. 香菇褐腐病 菇柄先染病，然后子实体停止生长；菌盖、菌柄染病后变褐色，不久腐烂，发出恶臭气味。防治措施：参考香菇片菇病相关内容，做好菇棚消毒工作，进行彻底灭菌处理；出菇期间，保湿和补水用水要清洁，同时要加强通风换气，有条件的应安装相应的降温设备如水温空调等，避免长期处于高温高湿的环境中；出现病菇后，及时摘下，喷洒赛百 09 200 倍液后销毁，然后停止喷水，加大通风量，菇棚内喷洒百病傻 300 倍液杀菌；及时采收，在菌盖未完全展开之前采收，采收下来的鲜菇要及时销售或加工处理，尤其在夏季不宜存放时间过长。

8. 香菇团块菇 症状为自原基阶段形成块状小团，单生，一直不能分化，近无柄，但生长速度却正常，至成熟时整个团块较松软，表面仍为正常香菇的色泽，但表皮很薄，菌肉组织白色，没有正常的香菇香味，无商品价值。有的资料介绍团块菇属于香菇的畸形菇，但经本研究团队实地调研分析，除畸形的可能外，还很有可能是菌种自身携带了病毒或病原菌，但该判断需要验证性试验确定。防治措施：彻底解决种源问题，尤其分离菌种和外引菌种时，一定要做出菇及品比试验，否则不得用于生产。

有技术条件的应对菌种进行脱毒处理，或引进脱毒菌种后进行扩繁。

（二）虫害防治

春季或秋季，如果防治措施不到位，将会发生程度不同的虫害，严重影响香菇产量及质量，因此，应在严格执行绿色食品标准的前提下，加强防治，主要措施如下：

1. 彻底清理虫源 菇棚周围的厕所、鸡舍、猪牛羊圈以及垃圾堆等，应进行彻底清理，能迁移最好，无法迁移的可定期进行喷药杀虫处理，使用药物主要为氯氰菊酯等，尤其应注意大型粪堆中的虫卵，可通过高温发酵、表面喷药等措施进行杀灭，以杜绝虫源。

2. 棚外定期用药 连片棚区，可采取联合、集中用药方式，对棚外 50 米范围内每周集中用药，药物为氯氰菊酯 1 000 倍液。对独立菇棚，可在菇棚四周定期用药，尤其雨后的 1～2 天内用药效果很理想。

3. 菇棚设置防护 对菇棚的通风口、门口等与外界相通的地方，应加设高密度防虫网，或者采用普通窗纱加一层棉质口罩布的方式，有条件的最好修建缓冲间，以杜绝菇蚊、菇蝇飞入。

4. 棚内药物驱虫 兑制高效驱虫灵 200～300 倍液，根据害虫密度每 2～4 天喷洒一遍，重点是门口及通风口等处，出菇期间也可对子实体直接喷洒，无毒、无残留，符合绿色、环保标准。

第二节 平 菇

平菇是市场上的普称，也是对侧耳属食用菌的统称。侧耳属是食用菌中极具经济价值和食用价值的一个属，现被广泛栽培的有 5 种：糙皮侧耳，如 2006、雪立得等菌株；美味侧耳，如 2020、8359、农科 12、国庆等菌株；华丽侧耳，如佛罗里达等菌株；漏斗状侧耳，如凤尾菇等菌株；金顶侧耳，如榆黄菇等。其中，栽培面积最大、食用人数最多的为前两种，粗略估测，糙皮侧耳和美味侧耳的产量占到侧耳属食用菌总产量的 60% 以上。

平菇的投料量、栽培面积、总产量等均高居食用菌各品种之首，主要原因有三点：第一，栽培平菇的门槛低；第二，投资少，对设备设施几乎没有特殊要求，操作技术相对简单；第三，平菇市场大，消费者偏爱其色、形、味。

一、废弃物原料的选择

平菇属于木腐菌，按照理论来说，人工栽培时应该选择偏硬的原料，如木屑等，但经过长期的人工栽培驯化，平菇的栽培生产早已脱离了理论的束缚，可以适应多种生物质材料，如木屑、棉秆粉、棉籽壳等偏硬质原料，玉米芯、豆秸等秸秆类原料，还可以使用软质的麦秸、稻秸等原料。本研究团队经过试验发现，杂草堆酵之后也可以栽培平菇。

近年的栽培中，人们大量采用中药渣、木糖渣、废棉渣以及落地棉絮等多种工业废料栽培平菇，甚至利用酒糟、糠醛渣栽培，同样也取得了良好的生产效果，为平菇的商业化栽培开辟了广阔的资源渠道。

1. 棉籽壳　平菇栽培中使用较多的原料,虽然近十几年来价格持续升高,但仍然畅销,足以说明该原料在生产者心目中的地位。虽然存在产量下降、转基因安全等问题,并且棉花种植面积大幅度减少,利用其他原料栽培平菇的产量也不亚于棉籽壳,但是该原料至今仍然很受欢迎。

2. 玉米芯　玉米芯大约在 2010 年作为原料用于栽培平菇。

3. 软质植物材料　包括稻秸、麦秸、稻壳、麦糠等在内的软质秸秆类原料,国内资源非常丰富。这类原料的特点是质软、营养物质少、纤维素及半纤维素含量高、基质易缩、袋栽时离壁严重等,尤其不宜栽培木腐菌。虽然我国各地屡屡出现"秸秆高产栽培技术""秸秆专用菌种""秸秆专用配方""秸秆专用添加剂"等的宣传,但多为实验或试验,均未大面积用于商品生产,其科学性、真实性以及实用性有待验证。

目前的状况虽然秸秆在生产中所占成本很低,但是菌种、材料、人工以及设备设施的折旧成本与使用其他原料的成本相同,产出却大相径庭,故少有使用。目前需要解决投入产出比例不合理的问题,然后才能大面积投入生产。

4. 豆秸　豆秸的基本物理性状与稻秸、麦秸以及蔗渣相似,但化学成分却大不相同。豆秸含碳 70%、含氮 6%,碳氮比约为 12:1,是秸秆类原料中含氮量最高的,因此,一般不可将其单独用于栽培,容易出现菌皮组织,浪费营养且出菇延迟。

豆秸资源主要集中于东北三省及内蒙古的春播大豆区,4—5月播种,一年一作,产量高而稳定。黄淮流域、长江流域的夏播大豆区,6 月小麦收获后播种,多与玉米间作,亦有单播。江南地区的秋播或多熟区,种植面积不大,加之鲜食,故豆秸资源较少。

随着我国大豆种植面积的增加,豆秸资源必将更加丰富。

5. 菌渣　菌渣具有颗粒均匀、含水适宜、pH 偏低但较为适宜、营养转化率较高的特点，此外还有速效营养比例低、易被分解等特点。在棉籽壳等传统资源价格飙升的情况下，菌渣尚有较大的利用空间。

中药渣、木糖渣、沼渣等也可作为栽培平菇的原料，据试验，用于栽培的效果均不错。

二、生产配方的设计

（一）棉籽壳主料

棉籽壳 250 千克，复合肥 2 千克，石灰粉 5 千克，石膏粉 2 千克，食用菌三维营养精素 120 克。这是一个基本配方，如果高温时段需要发酵料栽培，则应将石灰粉增加至 10 千克，并增加尿素 1.5 千克；如果进行企业化生产，多为熟料栽培，则可增加麦麸 10~15 千克，复合肥降至 1 千克。

（二）玉米芯主料

玉米芯 200 千克，麦麸 50 千克，复合肥 3 千克，尿素 2 千克，石灰粉 10 千克，石膏粉 3 千克，食用菌三维营养精素 120 克。

高温季节使用发酵料栽培时，还应加入赛百 09 药物 100~150 克。熟料栽培时，将尿素减掉。

（三）秸秆主料

配方一：稻秸（或麦秸）200 千克，麦麸（或米糠）50 千克，复合肥 4 千克，尿素 3 千克，石灰粉 12 千克，石膏粉 5 千克，食用菌三维营养精素 120 克。

配方二：稻壳或麦糠 110 千克，棉籽壳 90 千克，麦麸（或米糠）50 千克，豆饼粉 5 千克，复合肥 4 千克，尿素 2 千克，石灰粉 10 千克，石膏粉 5 千克，食用菌三维营养精素 120 克。

配方三：玉米秸粉 100 千克，玉米芯 60 千克，木屑 40 千克，麦麸（或米糠）50 千克，豆饼粉 10 千克，复合肥 6 千克，尿素 3 千克，石灰粉 12 千克，石膏粉 5 千克，食用菌三维营养精素 120 克。

（四）豆秸主料

豆秸粉 120 千克，玉米芯 110 千克，麦麸 20 千克，复合肥 3 千克，石灰粉 12 千克，石膏粉 5 千克，食用菌三维营养精素 120 克。

（五）中药渣主料

中药渣（以干品计）120 千克，玉米芯 80 千克，麦麸 40 千克，玉米粉 10 千克，石灰粉 12 千克，石膏粉 5 千克，尿素 2 千克，复合肥 6 千克，食用菌三维营养精素 120 克。

（六）木糖渣主料

木糖渣（以干品计）100 千克，玉米芯 100 千克，麦麸 40 千克，玉米粉 10 千克，石灰粉 12 千克，石膏粉 5 千克，尿素 2 千克，复合肥 6 千克，食用菌三维营养精素 120 克。

（七）菌渣主料

菌渣 120 千克，玉米芯 80 千克，麦麸 40 千克，玉米粉 10 千克，豆饼粉 3 千克，石灰粉 12 千克，石膏粉 5 千克，复合肥 6 千克，尿素 2 千克，食用菌三维营养精素 120 克。

（八）沼渣主料

沼渣 150 千克，玉米芯 100 千克，石灰粉 12 千克，石膏粉 5 千克，复合肥 5 千克，食用菌三维营养精素 120 克。

注意要点：沼渣的颗粒度及其营养成分因产气原料的不同而有很大区别，故应在使用前充分了解，无法鉴别时可采样进行化验分析，根据分析结果进行配方设计。

三、栽培管理技术

（一）基料处理

1. 生料 按配方拌料后，直接装袋播种。适用于棉籽壳等通透性好、营养合适的原料，除 6—8 月的高温时段外，其余时间均可使用生料栽培。主要特点是直接拌料、装袋、播种，用工用时少、工序简单、操作方便，适应爆发出菇管理模式，生产周期短，基料营养保持完全，基本没有人为损失等。但是，也存在菌袋易发热、病虫害发生概率偏高等问题。

  使用生料栽培需要注意防止烧菌、预防虫害、防治杂菌。一旦烧菌，可能会造成全菌覆没的结果；虫害，尤其严重的是没有视觉冲击的虫卵危害，较之害虫直接危害，后果更加严重；杂菌污染，如果防治措施到位的话，还是可以控制的。

  2. 发酵料 按配方拌料后，进行常规发酵，完成发酵后再进行装袋播种的基料处理，适用于一般秸秆原料或部分涉农加工产生的废弃物如木糖渣、沼渣等。发酵料的特点是原、辅料在高达50～70℃的温度条件下达到半熟化后，原有营养物质组成发生改变，或由大分子结构转变为小分子，更易被食用菌菌丝吸收利用。发酵过程中产生的高温可以杀死料内的部分杂菌、害虫及虫卵，最大限度地囊括了生料和熟料栽培的优势。其弊端也很突出，在发酵过程中，原、辅料的速效性、水溶性营养物质，随着基料产酸、产热、蒸发等大量流失，发酵温度越高、维持时间越长，料内营养物质的流失量也就越大，这是无法逾越的技术性障碍。但是，发酵料栽培适用于各种秸秆原料，避免了棉籽壳原料货紧价俏给生产带来的尴尬，又可避免秸秆原料在发菌过程中极易出现烧菌等问题。使用发酵料栽培需要注意规范发酵、防治虫害、预防杂菌污染。

  3. 熟料 按配方拌料后，直接装袋、灭菌、接种，适用于气温偏低、机械拌料的情况；或将基料按配方拌匀进行短期发酵后再装袋、灭菌、接种，适用于人工拌料、原料需要尽量暴露或需要排除废气的情况，如使用新鲜或半干的沼渣时，应先堆酵数日，再进行装袋、灭菌等工序。使用熟料栽培需要注意预防杂菌污染、预防虫害、灭菌要彻底。

三种基料处理方式，因时因地因原料等条件的不同自行选择，没有确定的生产模式或固定的操作方法，各地应灵活掌握，不可教条。

（二）菇棚消杀

菇棚消杀是病虫害防治工作的关键，尤其旧菇棚的消杀更是马虎不得。基本步骤：清理卫生；根据栽培模式，整理地面或安置菇架；消毒。棚内地面或菇架经消毒后一般不得再进行改变。

1. 低温季节的消杀 处理相对简单，只要在菇棚内进行清理后，交替喷洒百病傻500倍液和赛百300倍液各一遍即可，旧菇棚可适当提高药物浓度并加喷一次杀虫药物，如氯氰菊酯1 000倍液等。

2. 中温季节的消杀 中温季节的处理，除按低温季节的要求处理外，在晴好天气进行晒棚处理很有必要。如果温度稳定在15℃以上，最好进行地面灌水，并随水灌入适量的辛硫磷或毒·辛，一般按每100米^{2}使用100克商品药物即可基本满足需要。

3. 高温季节的消杀 首先，按低温季节的处理要求进行处理；其次，棚内灌水并施用毒·辛，每100米^{2}使用200克商品药物即可；最后，每100米^{2}地面撒施50千克石灰粉。

（三）播种操作

播种操作，根据基料和生产者条件的不同，可选择不同的播种方式：

1. 人工装袋播种方式 基本是3层菌种2层料，也有的是4层菌种3层料，即料种比为2∶3或3∶4，效果相同。

2. 装袋机人工播种方式 效果亦可，但仍有不尽如人意之处，尚待改进。

3. 智能装袋播种一体机　近年来，山东、河南以及东北等地不断有人开始试制新型智能装袋播种一体机。本研究团队尚未对此进行试验，所以不好定论。希望有意进行该种设备生产的企业尽快试验后，将结果公开发表，尽快将设备推向社会，以最大限度地节约人工投入。

（四）发菌管理

发菌管理，在发菌棚室及其微环境进行有效消杀的基础上，分为四步：

1. 菌袋处理　生料、发酵料播种的菌袋，完成播种后，即应及时对菌袋打微孔，方法很简单，使用牙签之类的物品对准菌种处直接扎破塑料膜即可。熟料接种的菌袋不打微孔，要注意移动搬运过程中不要划破或扎破菌袋。

2. 预防为主　防杂菌，发菌棚室地毯式喷洒赛百 09 药物，根据气温，3～7 天后再喷一遍百病傻，两种药物交替使用，不能直接混合使用。

3. 检查剔杂　播种后一周，即应开始进行检查剔杂。就是将污染的菌袋剔出，另行处理，不能滞留在发菌场所，以免传染。

4. 后熟培养　当菌袋表面布满菌丝时，即发菌完成，已经具备结菇能力。菌丝后熟培养的基本方法：避光，除进入菇棚检查等操作外，不得有任何光线进入；低温，这是一个关键条件，常规条件下，可以采取地面浇水、棚顶喷水等措施进行降温，但效果不理想，最好的方法是将完成基本发菌的菌袋移入冷库进行后熟培养，调控温度在 2～6℃，一般 15 天左右即可达到目的，时间延长至 30 天的效果更好，但不可以无限延长。

关于菌丝后熟的生产效果，可以举例说明。本研究团队的一个学员，菇棚在即将出菇的 11 月中旬不堪雨雪的侵袭而倒塌，平菇菌棒都被冻硬，亲友及村里人都认为不必继续管理了，劝他放弃修棚。在本研究团队的劝说和支持下，直至三周后才在雨雪中勉强撑起菇棚并重新覆膜加苫，此后，按照技术要求进行正常出菇管理，达到了意想不到的出菇效果。采菇当日，实测生物学效率超过 120%。

（五）栽培模式

1. 立体栽培模式　这是目前最普遍的栽培模式。将菌袋扎口打开并松开塑料膜拉直袋口，或切割袋口，两头出菇。根据季节码垛 5~8 层不等，垛间留出 1 米左右的作业道。管理重点有 2 个：第一，尽量保持菇棚的空气相对湿度，具备条件时采收后应泡袋补水；第二，密切观察，严格预防病虫害。

主要优势：操作简便，无须其他设施，成本低；方便管理；出菇干净、无泥土黏附；朵形适中；菇体含水量较低，受市场欢迎。

主要弊端：菌袋水分难以保证，如果按照传统栽培方式出菇 3 个月甚至长达 5~6 个月，则会普遍发生菌袋失水严重、三潮甚至二潮菇很难发生的现象，而且菌柄稍长，生物学效率难以保证；生产周期越长，发生病虫害的概率越高，管理费用也会相应增加。

2. 菌畦式栽培模式　分为两种，一种是平畦式栽培，一种是阳畦式栽培。脱去塑料膜，菌柱直接入畦、覆土，浇透水后很快即可出菇。由于容易烧菌，故多适合二潮或三潮菌袋脱掉塑料膜后直接覆土栽培出菇。管理重点是菌柱之间的间隙要适当，并应填实覆土材料。

主要优势：水分管理、通气管理以及温度管理相对简单；产量高。

主要弊病：一旦出现镂空现象或者菌柱密排等，发生烧菌的概率非常高；鲜菇含水量高，不耐贮存；菌体向上方伸长，呈花朵状，装箱运输极易破碎，不宜长途运输；基部黏附泥土使菇品商品价值大打折扣，该种产品适合就地鲜销，不可能进入超市销售。

3. 菌墙式栽培模式　分为双墙式栽培和单墙式栽培两种模式，脱去塑料膜后，将白色菌柱如同砌墙一样，一层菌柱一层泥，层层码高即可。单墙式栽培就是将菌柱砌成单砖墙，双墙式栽培就是将菌柱砌成中间相隔 20 厘米左右的两个单砖墙，中间用土填平。管理重点有 2 个：第一，菌柱之间一定要填实，两头出菇的菌柱之间要封泥，尽量使之不漏水；第二，严防烧菌（垛），一般地区层高应以 2～4 层为宜，即使东北地区也尽量不要超过 5 层，如果是立体栽培，出过 1～2 潮菇的菌株，可以适当再加高 1～3 层，也不要过高。

主要优势：综合了立体栽培和菌畦式栽培两种模式的优点，水分、温度等管理相对简单，可取得立体栽培产品的朵形，还有高产的基础和可能，一旦建起菌墙，此后的管理非常方便。

主要弊病：鲜菇的含水量偏高，黏附泥沙的可能性较大，不耐贮存，不耐运输，故只适合地产地销；一旦处理不好，将很可能产生大量生物热而发生烧菌，尤其双墙式栽培时，烧菌的可能性很大，不少栽培者因此导致生产失败。

4. 架栽模式　有两种模式可供参考。

（1）侧卧、两头出菇。基本形式同立体栽培，利用空间的效果比较理想。

（2）菌袋立式出菇。子实体特别鲜嫩、朵形特别优美，尤其是培育嫩菇或超嫩菇时，更显得特别诱人。

管理重点：架栽模式下基料失水严重，对空气相对湿度以及菌袋水分的要求更高，应将补水作为管理重点之一。

主要优势：空间利用率高，降低了控温等设施设备的投入成本；方便管理，适合集约化生产；出菇干净、无泥土黏附；朵形适中；菇体含水量较低，受市场欢迎。

主要弊病：菌袋水分难以保证，出菇时间稍长即会普遍发生菌袋失水严重、三潮甚至二潮菇很难发生的现象，生物学效率偏低。

5. 网格栽培模式 这是近几年来由南向北逐渐发展起来的一种栽培模式。网格是由低碳钢丝焊接而成的，网片经过浸塑处理，具有结构坚固、网面平整、防腐等特点。

注意两点：第一，保湿喷雾用的水，最好是处理过的净水，以免喷雾管道及喷嘴被水垢堵塞，最好使用水质净化系统；第二，排风装置、控温系统等应一次性安装到位，否则后续改建工作很难进行。

主要优势：该种模式尤其适合大棚栽培，可以实现集约化生产。

主要弊病：一次性投资巨大，不是家家户户都可以采用的模式。

（六）出菇管理

平菇的出菇管理，较金针菇等细弱型品种来说，无论温度、湿度都要粗放得多。平菇具有全温型特点，一年四季均有不同的菌株可以出菇，而大多数食用菌品种不具备这种优势。在出菇阶段，通风应处于第一重要的位置，然后是水分管理，当然，温度因素也要考虑，不可顾此失彼。

一般要求平菇长至八分熟时采收，实际生产中很难操作，因为涉及到市场问题，所以今天还没达到采收标准的，明天就可能老化了。老熟的子实体从基料内吸取大量营养和水分，并且蛋白质含量降低，口感变差。因此，自20世纪80年代开始，笔者就要求学员坚持五分熟采收，进入市场后，将极受消费者欢迎，尽管该潮菇产量受影响，但总体产量将不会降低。不少学员在实际生产中，已经验证了该观点的意义。但时至今日，仍有不少菇农待平菇充分长大后再采，虽然该潮菇产量高了，但是总体产量并没有增加多少，并且使消费者误认为平菇不好吃，从而使平菇鲜销市场逐渐萎缩。

（七）注意要点

规模化生产，建议采用熟料栽培，以免发生大面积污染。

玉米芯发酵料栽培，一定要使之吃透水，避免用干心料栽培，其他原料也是如此。

生料、发酵料栽培的装袋播种操作，一定要强调防虫害，生产损失多源于忽略了这一点，教训深刻。

生料、发酵料栽培，应该增加菌丝后熟培养操作，以期获得更加理想的栽培效果。

四、病虫防治技术

（一）病虫害的防治原则

以防为主、防治并重，这就是平菇生产中对病虫害的防治原则。防患于未然，防病于未发之前，防虫于产卵之前，防重于治，防则到位、治则彻底等类似的总结，无一不是对"以防为主，防治并重"的诠释和经验之谈。

（二）杂菌防治

无论是发菌前期还是出菇后期，菌袋极易被各种杂菌污染，常见的主要有木霉、毛霉、曲霉等，主要原因是菌丝抗性差、菇棚及周围环境杂菌基数偏高、菇棚过于潮湿、通风不良等。处理措施：下批栽培更换脱毒菌种；彻底清理环境，尤其多年的老菇棚，更须严格消杀处理，室外用药物主要有赛百09、百菌清等，棚内主要用百病傻、赛百09等；发生污染的菌袋，可采用赛百09药液浸泡或涂刷；加强通风，降低棚内湿度。

（三）病害防治

1. 侵染性病害

（1）褐腐病。又称白腐病、水泡病等，属真菌性病害，其病原菌为疣孢霉，该菌喜密闭、潮湿的环境，菌丝最佳生长温度为25℃，10℃以下低温一般不发病，15℃时危害开始加重。发病初期，子实体基部出现棉毛状白色菌丝，继之向上发展，病菇呈水渍状，随后变褐、死亡。幼菇感病后，常出现菌盖小或无菌盖等现象，感病后期有黑褐色液体渗出，继之腐烂、死亡。发病的主要原因是菇棚或土壤中有疣孢霉孢子存活，当菇棚通风不良、湿度过高、温度适宜时，孢子萌发，形成危害。处理措施：认真进菇棚消杀，使用百病去无踪溶液进行地毯式喷洒，之后密闭并暴晒，一般 2 天即可启用；对上一季生产中发病严重的菇棚，可连续用药 2 次，发病初期摘除病菇，使用百病傻 300~400 倍液和赛百 09 200~300 倍液，直接喷洒病区；发病严重时先对棚内进行喷药，然后用赛百 300 倍液浸洗菌袋。

（2）软腐病。又称蛛网病、褐斑病等，典型症状就是料床、畦面出现大量白色网状菌丝，而且发展迅速，感病菇体渐呈水红色、褐色，继之腐烂。软腐病的病原菌是轮枝霉，该霉菌的分生孢子可在土壤、墙体缝隙以及废料中长期存活，借助空气、覆土材料、工具、人体等传播。处理措施：停止喷水，降低湿度；清除病菇，清理料面，喷洒百病傻 400 倍液；菇棚门口撒施生石灰作隔离带，并谢绝外人参观；棚内经常喷洒药物以预防该类病害的发生。

（3）斑点病。又称褐斑病、黄菇病等。菌盖是该病害的主要危害对象，发病初期，菌盖表面可见淡黄色变色区，后逐渐加深变为深黄色、浅褐色、暗褐色，并同时出现凹陷斑点，继之分泌黏性液体，如果空气相对湿度不是太高，约 3 天，黏性液体渐干，随后菌盖开裂，形成不对称菌盖。斑点病的病原菌是假单胞杆菌，喜高湿、高温、密闭的环境，该菌在自然界的分布很广，工具、原料、土壤、水流甚至各种虫类均可成为传播媒介。处理措施：停止喷水，加强通风，充分降低湿度；清除病菇，清理料面，喷洒黄菇一喷灵 500 倍液或漂白粉 100 倍液，必要时，可喷施百病傻 400 倍液；畦式栽培时，撒施一定量的生石灰粉，也可起到抑制作用。

（4）黄菇病。又称黄斑病，多在低温季节发生，气温在 10℃ 左右时，该病发展迅速，危害严重，初期只在菇体表面出现黄褐色斑点或斑块，随后病区扩大，并深入菌肉组织，此后，子实体变为褐色、黑褐色，进而死亡、腐烂。黄菇病的病原菌为黄单胞杆菌，该病原菌喜低温、高湿环境。黄菇病传播途径与斑点病相似。防治措施：采掉病菇，清理出菇料面后，配制黄菇一喷灵 400～500 倍液，配合适量的通风，连续喷洒 1～3 遍，即可恢复正常。

2. 生理性病害

（1）瘤盖菇。菌盖表面密密麻麻排列着若干颗粒状凸起，严重的长成毛刺状，甚者形成小菌盖、"二层菇"。菌盖硬实，菇体僵化，菌柄粗短，失去商品价值。

原因：自菌蕾阶段一直接受偏低温度，尽管尚未冻死，但过低的温度持续时间太长，使菌盖表层细胞与菌肉组织细胞的分裂伸长不能同步，从而导致该生理现象发生。

防治措施：提高棚温，不可降至 5℃ 或以下，并尽量减小温差。

（2）菜花菇。原基密集，但菌盖和菌柄并无明显分化，表面上只是一个菜花状的白疙瘩，没有任何商品价值。

原因：二氧化碳浓度极高；基料内过量添加了某些辅料，如化肥、农药或其他化学成分；有害气体中毒；现蕾前后料面使用了过量农药等。

防治措施：分析具体情况，找出主要原因，然后对症下药。

（3）粗柄菇。菌柄基部正常，中部粗大，菌盖没有分化。

原因：通风严重不足，二氧化碳浓度过高。

防治措施：加强通风即可。

（4）珊瑚菇。较庞大的原基上，分生出若干小子实体，但只长到 2 厘米左右便不再继续发育。

原因：温度偏高，湿度偏低；原基分化至珊瑚期时，突遇

25℃以上高温，或遭遇大风等。

防治措施：刮除死菇原基，适当破坏料面，配制适合浓度的食用菌三维营养精素混合液，浸泡菌袋或连续喷施，给菌袋补充营养，同时加大棚内湿度至90％左右，降棚温至23℃以下，并保持相对稳定。

（四）虫害防治

春、夏、秋三季，如果防治措施不到位，将会发生不同程度的虫害，严重影响菇品产量及质量，因此，应在严格执行绿色食品标准的前提下，加强防治。具体可参照第三章第一节中的相关内容。

（五）注意要点

（1）不可使用氯氰菊酯，以免药物残留和导致子实体畸形。

（2）任何杀虫的药物均不得直喷子实体。

（3）防虫药物如阿维菌素等可以用于基料表面，但应考虑其安全期。

（4）出菇地点周围100米范围内，尤其有风的天气，不得使用高毒药物，以免漂浮物进棚污染甚至导致子实体畸形。

第三节　金针菇

金针菇属纯低温型食用菌品种，自然条件下顺季栽培，一般可安排在初秋制作菌袋，深秋至翌年春季出菇，但当春季气温回升过快时，如气温由10℃以下突然飙升至20℃及以上，则无法正常出菇。

一、废弃物原料的选择

常规顺季生产金针菇，多以棉籽壳、木屑为主料，山东等地曾经使用棉花秸秆粉碎物进行栽培，效果尚可。使用麦秸、稻秸等软质材料，试验效果也不尽如人意。20世纪90年代，本研究团队曾使用酒糟和棉籽壳进行黄色金针菇栽培，效果不错。企业进行设施化或工厂化生产，基本上也是选择偏硬质的材料，如木屑、玉米芯等。所以，金针菇的生产比较特殊，尤其目前的设施化生产，其配方更是不易更改。

棉籽壳、玉米芯、豆秸粉等原料在食用菌栽培中普遍使用，此前已多次介绍，这里不再赘述。现对木屑、棉花秸秆粉、桑枝粉、果枝粉、酒糟这几个原料进行介绍。

1. 木屑 阔叶树种的木屑，木屑要求是偏细碎的，较香菇生产用的木屑要细碎。特殊情况：如果计划使用部分针叶树种的木屑，也不是不可以，只是需要单独处理一下。在针叶树种的木屑中加入1%生石灰粉，拌匀后露天摊放，任其日晒雨淋，约30天后即可进行常规拌料，但是使用比例不要超过20%。如在阔叶树种的木屑里有针叶树种的木屑混入，也可采取这个办法。

2. 棉花秸秆粉 粉碎棉花秸秆是个很费工费力的工作，因为棉花秸秆外有一层柔韧度很高的皮层，一般刀具切割不到30分钟就会发钝，后来经过改进，采取了先切段再粉碎的办法，效率大大提高。使用该原料的注意点：棉秆的韧皮组织容易形成"韧皮团"，拌料时不好吸水，拌料初始易形成干料团，所以，该原料在拌料前应加水预拌，拌料后稍堆闷即可。

3. 桑枝粉 我国中部地区有大量桑树枝条资源，基本都是当年生枝条，相对好加工，用其栽培金针菇效果不错。

4. 果枝粉 各地几乎都有果树枝条，多是当年生枝条，易粉碎，如苹果、梨、山楂、猕猴桃、葡萄等的枝条，南方还有大批的柑橘枝条。目前拒绝使用桃树、杏树的枝条。

5. 酒糟 20世纪90年代，我们使用酒糟做过实验，并帮助种植户进行了商品生产，效果不错。需要在酒糟中加入石灰粉进行晾晒，然后再拌料，不要用鲜酒糟直接拌料。

二、生产配方的设计

（一）木屑、棉籽壳配方

木屑 300 千克，棉籽壳 250 千克，麦麸 150 千克，蔗糖 8 千克，复合肥 6 千克，石灰粉 12 千克，石膏粉 6 千克，食用菌三维营养精素 480 克。木屑提前 3 天加入 7 千克水拌匀并堆闷，每天翻堆一次，然后常规拌料。（石灰粉按配方使用，不另外加量，下同）

（二）木屑、玉米芯配方

木屑 350 千克，玉米芯 300 千克，麦麸 150 千克，豆饼粉 30 千克，复合肥 12 千克，尿素 10 千克，石灰粉 35 千克，石膏粉 12 千克，食用菌三维营养精素 480 克。木屑的处理参考木屑、棉籽壳配方。复合肥应粉碎后使用。

（三）玉米芯、废棉渣配方

玉米芯 300 千克，废棉渣 300 千克，麦麸 150 千克，石灰粉 25 千克，石膏粉 12 千克，复合肥 3 千克，食用菌三维营养精素 480 克。玉米芯颗粒适当加大，以利通气。废棉渣的处理关键，第一，吸水均匀，不得有干料；第二，充分拌料，与其他原料充分混匀。玉米芯提前 3 天加入石灰粉 15 千克拌匀、堆闷，每天翻堆一次，使之吸水充分、混合均匀。废棉渣加入石灰粉 10 千克参考玉米芯进行处理。

（四）木屑、废棉渣配方

木屑 300 千克，废棉渣 300 千克，麦麸 200 千克，石灰粉 25 千克，石膏粉 13 千克，豆饼粉 15 千克，复合肥 7 千克，食用菌三维营养精素 480 克。

（五）苹果树木屑、玉米芯配方

苹果树（梨树）木屑 500 千克，玉米芯 400 千克，麦麸 200 千克，豆饼粉 40 千克，复合肥 15 千克，尿素 10 千克，石灰粉 45 千克，石膏粉 15 千克，食用菌三维营养精素 600 克。

（六）棉花秸秆粉、玉米芯配方

棉花秸秆粉 350 千克，玉米芯 350 千克，麦麸 200 千克，豆饼粉 40 千克，复合肥 12 千克，尿素 10 千克，石灰粉 40 千克，石膏粉 12 千克，食用菌三维营养精素 600 克。

（七）桑树木屑、豆秸粉配方

豆秸粉 250 千克，玉米芯 250 千克，麦麸 100 千克，石灰粉 30 千克，石膏粉 10 千克，食用菌三维营养精素 360 克。将豆秸粉、玉米芯分别提前 2 天、3 天，各加 15 千克石灰粉进行单独拌料堆闷，每天翻堆一次，然后再进行常规拌料。

（八）葡萄枝屑、豆秸粉配方

葡萄（猕猴桃）枝屑 350 千克，豆秸粉 250 千克，麦麸 100 千克，石灰粉 30 千克，石膏粉 10 千克，食用菌三维营养精素 360 克。将葡萄（猕猴桃）枝屑、豆秸粉分别提前 3 天、2 天，各加 15 千克石灰粉进行单独拌料堆闷，每天翻堆一次，然后再进行常规拌料。

（九）棉籽壳、酒糟配方

酒糟（以干品计）250 千克，棉籽壳 200 千克，麦麸 100 千克，豆饼粉 60 千克，复合肥 10 千克，石灰粉 30 千克，石膏粉 8 千克，食用菌三维营养精素 360 克。要点：鲜酒糟加入石灰粉 25 千克拌匀进行晾晒处理，同时最大限度地提高 pH 至 7 以上，最高不超过 9，然后加入剩余的石灰粉拌匀堆闷 2 天，然后进行常规拌料。

改用其他主料时，可根据原料的性质及硬度、吸水持水性能等要素，参考以上配方自行设计，不再赘述。

三、栽培管理技术

金针菇的栽培，散户或小型企业的栽培模式多是装袋出菇，而设施化或工厂化的生产模式是装瓶出菇。从装瓶（袋）完成到出菇以前的操作过程是基本一致的，环节是相同的。

（一）装料瓶（袋）

1. 机械装瓶 机械装瓶过程中，料瓶规格、装料数量等的标准都是事先设计、由电脑控制机械进行操作的，所以基本不需要人工控制。人的作用就是设计程序、监控场景、维修设备。

2. 机械装袋 金针菇的机械装袋，除特别说明外，多属半机械操作，目前该类机械生产的基本模式是人工开铲车上料，用工具扎口等。

3. 人工装袋 全人工操作，标准不易掌握，尤其是装料的数量、装料的松紧度等方面参差不齐，所以导致此后的管理也会出现很多问题。一般标准是每袋装料（干料计）350 克左右，松紧适宜，一般单头扎口，有的采取两头扎口、两头出菇。

（二）灭菌

1. 高压灭菌 即高压蒸汽湿热灭菌，一般采用的蒸汽压力为 0.15～0.20 兆帕，维持时间为 1.5～2 小时。基本灭菌公式为：0 兆帕—0.05 兆帕—0 兆帕—0.15 兆帕×2 小时—自然降压至 0 兆帕。关上灭菌室密封门，灭菌室内压力为 0 兆帕，开始加热至压力为 0.05 兆帕时，停止加热，缓慢打开排气阀排出灭菌室内蒸（空气）汽，这是一个排出冷空气的必需操作。至灭菌室内压力回到 0 兆帕后，关闭排气阀并重新开始加热，至压力达到 0.15 兆帕时，保持该压力 2 小时（实际操作为升压至 0.155～0.16 兆帕，降压至 0.15 兆帕），然后停止加热，使压力自然降为 0 兆帕。随即可打开排气阀排净余压，之后打开密封门，取出灭菌物。本章所说的高压灭菌，除有特别说明外，均为该种方式。

2. 常压灭菌 指的是 100℃蒸汽灭菌，其形式犹如蒸馒头，直至蒸熟。一般宽小于 18 厘米的塑料袋，常压灭菌 6～12 小时即可。具体要根据生产季节、基质材料、料袋规格、装料数量以及覆盖状况和当时天气状态等临时确定，不能一概而论。环境条件较差或病原菌基数较高时，应适当延长灭菌时间。

（三）发菌培养

1. 自动发菌管理 在具有控制装备的封闭的发菌车间里，料袋经无菌接种后进入发菌阶段，温、湿、气、光无须人工管理，菌袋箱的上下移位等操作也不需要人工，一切均由电脑控制机械完成。

2. 人工发菌管理 人工发菌管理最重要的就是控温，应该达到 25℃左右；调控发菌室湿度在 70％以下；发菌期间基本不用通风，只是在发菌后期需要通风；发菌期间不需要光照。发菌管理时需要注意根据温度，间隔 5～15 天喷洒一次杀菌药物，以防杂菌发生；剔杂，即将污染菌袋挑出去进行处理；防虫，根据温度，间隔 3～10 天喷洒一次杀虫药物。

（四）后熟培养

金针菇的菌丝后熟阶段很重要，必须培养到位，才能获得理想的栽培效果。工厂化生产自有电脑管理，全人工管理的，应该尽量满足温度的要求，最好自建相应的恒温库，因为此后的管理中还要用到该种低温场所。调温至 2～5℃，将完成发菌的菌袋移入，静置 15 天，使菌丝继续分解基料，并在袋内横向生长，最大限度地增加其生物量，为出菇奠定物质基础。

（五）栽培模式

1. 设施化生产

（1）层架直立出菇模式。商品性最高的出菇模式。

（2）层架横卧单头出菇模式。商品性较高且较传统的出菇模式。

（3）层架单头斜向出菇模式。商品性较高的出菇模式。

（4）网格单头斜向出菇模式。最新的出菇模式。

2. 工厂化生产 主要是菌瓶直立出菇，由于温、湿、气、光调控合理，所以菇体生长高度一致，商品率高。

3. 人工栽培

（1）地面码袋立体栽培模式。分单头出菇和两头出菇。20 世纪 90 年代的技术，适合散户、小批量栽培，不需要增加投资，操作简单。但子实体易弯曲，商品率不高。

（2）架栽两头出菇模式。基本形式同地面码袋立体栽培模式，只是可以更多地利用设施空间，一般分 3～4 层，每层可排 3～4 层菌棒。

（3）架栽直立出菇模式。塑料袋为折底袋，每袋装干料约 250 克。出菇架的架层仅限单排菌袋直立密集排放，向上出菇，子实体的商品质量高。设施化生产即采用该种模式。

（4）层架（网格）斜向出菇模式。专门设计出菇架，将立式出菇的优势和栽培架利用空间的优势进行结合，最大限度地利用设施设备，获得更大的生产效益。

（六）出菇前的管理

1. 整理出菇室 根据栽培模式整理出菇室，一切就位后，喷洒一遍百病傻 400 倍液和氯氰菊酯 1 000 倍液，然后可将菌袋移入。

2. 搔菌操作 在完成后熟发菌后，将金针菇菌袋出菇面使用小耙子破坏掉并倒出去，然后将菌袋里灌上水，3～12 小时后倒掉剩余的水，这就是搔菌操作。该操作对于提高出菇整齐度和菇品的商品率很有效。

（七）出菇管理

1. 温差刺激 顺季栽培的，利用昼夜温差，夜间打开通风口通风，尽量使菇棚的低温接近实际气温，早晨覆盖使低温保持的时间长一些，然后，在 14：00 后打开通风口通风，使菇棚温度升高，直至翌日早晨再度关闭通风口，如此操作，如果昼夜温差为 10℃，则刺激效果理想。

2. 湿差刺激 湿差刺激，无须太多操作，只要根据催蕾期间对空气相对湿度的需要灵活掌握即可。增湿的措施有很多，比如人工喷雾、滴灌管机械喷雾以及定时自动喷雾等，效果比较理想。

3. 幼菇期管理　重点是保持温度和湿度基本恒定。其他如通风、光照等均可按催蕾阶段的标准。

4. 成菇期管理　主要应集中在控温、控湿两个方面，温度应居中偏低、湿度稍高而稳定。

5. 适期收获　生产者被两个标准制约着。第一个标准是消费者的选择标准，这是最重要的标准，迄今为止，我国的金针菇收获多由该标准控制着；第二个是合同标准，适期收获必须成为供需合同的主要内容之一，而不是口头约定。根据我国金针菇市场的基本情况来看，现在市面上大多为"半球形盖菇"。

6. 采后管理　顺季栽培的，采后应及时清理料面，去掉菌皮组织以及菌柄残余等，并随即清理地面卫生，然后根据环境状况确定是否喷施防治病虫害的药物；停止增湿并加大通风量，无须光照，使菌丝进入休养恢复期。设施化栽培只采一潮菇，无须进行上述操作。

四、病虫防治技术

（一）杂菌污染

木霉、曲霉、链孢霉、毛霉等是食用菌生产中发生较普遍的杂菌，防治方法在本书其他章节中已有介绍，故不赘述。

（二）侵染性病害

1. 斑点病　又称褐斑病，症状为菌盖上分布有大小不一的黄褐色或褐色圆形斑点，严重时斑点下陷，有时菌柄上也有不同程度的椭圆形斑点，如果任其发展，15℃左右条件下，5～7天时间，自菌柄基部表面开始，逐渐有黏性液体渗出，并向上发展至整株、整丛菇体，使菇体腐烂。

防治措施：首先，对栽培场所严格进行消杀，喷洒百病傻400～500倍液，间隔2天左右再次用药；其次，出菇期间，每5～7天喷洒一次赛百09 300～400倍液，用药目标为墙体和作业道等空闲处，绝对不要喷到子实体上；最后，菇棚内进行增湿时，最佳方法就是夜间向地面灌水，使之自然蒸发提高湿度。

2. 棉毛病 即棉腐病，症状为自菌柄基部开始出现柳絮状或废棉绒状的菌丝，先是覆盖料面，继之顺菌柄向上发展，最后将子实体包围，菌盖色泽逐渐变深、变褐，然后变软，最后腐烂。发病严重时，整个栽培场所的墙体、地面以及菌袋上一片白色絮状物，如同进入到棉花加工车间。

防治措施：加强通风，降低湿度；采去所有病菇，并同时破坏料面；设法降低温度；喷施百病傻 500 倍液；如果通风条件良好或有强制通风装置，可在潮间喷洒 2 次尿素 1 000 倍液，然后加强通风即可。

3. 干腐病 即根腐病，症状为基料表面有淀粉水溶液状的液体渗出，先是呈液滴，继而封闭料面，量大时液体可在袋口形成积水，染病子实体先是呈半透明状，继之呈白糖溶液状，停止生长，后逐渐变褐、死亡、变干。

防治措施：基料装袋前严格进行水分检查，含水量不要过高；合理安排出菇季节，尽量避开 18℃ 以上温度；普通设施内栽培时，春季应加厚覆盖物，并在中午时将覆盖物喷透水；加强夜间通风，必要时应进行强制通风；将感病菌袋移出棚外，采去病菇，将菌袋浸入赛百 09 400 倍液中，确认病原菌死亡后，可再度移入菇棚。

(三) 生理性病害

1. 边壁菇 菌袋中间部位出菇，第一潮菇多为丛生，严重时可将塑料膜撑破，二潮以后则以单生为主，导致料面不能正常出菇，影响产量。

原因：菌袋装料松紧不匀；发菌时间过长，或发菌室过于干燥，使菌袋失水严重，基料发生"离壁"现象，基料与塑料膜之间形成一定空隙；菌袋长时间接受较强光照或其他刺激等。

2. 祖孙菇 同株子实体中，有粗有细、有长有短，而且差异极大。

原因：未进行搔菌，原接种块上先有菇蕾发生，继而料面又现蕾，前后有 2~3 天的时间差，导致同株不同龄。

3. 针尖菇　菌盖直径小于菌柄顶端直径，而且呈橄榄球尖状，商品价值大打折扣。

原因：栽培场所过于密闭，通风严重不良，二氧化碳浓度过高。

对于生理性病害，找出原因、对症下药即可，不可以随便用药。

(四) 主要虫害的防治

1. 菇蚊　又称菌蚊，主要是其幼虫对生产造成危害，危害金针菇的主要有菌瘿蚊、眼菌蚊、异型眼菌蚊、闽菇迟眼菌蚊、狭腹眼菌蚊、茄菇蚊及金毛眼菌蚊等。幼虫咬食金针菇的菌丝、排出粪便，导致培养料变色、变疏松，菌袋的菌丝不能生长或表面出现退菌现象，出菇时间延迟，菇蕾少，受害严重时不能出菇。防治方法可参考本书其他章节相关内容。

2. 菇蝇　体型较菇蚊偏小，短粗，对生产的危害形式、危害性与防治措施同菇蚊。

第四节　真　姬　菇

真姬菇属低温型品种，曾经属珍稀食用菌，近年来逐渐进入寻常百姓家。目前栽培的有浅灰色和纯白色两个品系。浅灰色品系主要特点是菌盖浅褐色，布有斑纹，菇体短小；白色品系又称白玉菇、海鲜菇、玉龙菇等，实际上它们均为真姬菇，只是菌株的差异罢了。

一、废弃物原料的选择

真姬菇是木腐菌，栽培原料应以硬质材料为主，如棉籽壳、木屑等，但在长期实践中，其生物学性状有所改变，可以适量使用偏软质的材料进行栽培，如废棉渣、甘蔗渣等。据试验，使用部分沼渣生产效果很好，在棉籽壳主料中掺入 30％ 左右的木糖渣，也获得了比较好的试验结果，但是上述偏软质的材料只可以作配料，而不可以作为主料使用，否则无法保证生产效果的稳定。人工栽培中，可以采用的主要栽培原料与金针菇相同。

二、生产配方的设计

（一）棉籽壳栽培基本配方

棉籽壳 225 千克，麦麸 25 千克，石灰粉 2 千克，石膏粉 3 千克，复合肥 2 千克，蔗糖 2 千克，食用菌三维营养精素 120 克。

（二）废棉渣栽培基本配方

废棉渣 100 千克，玉米芯 50 千克，木屑 50 千克，麦麸 50 千克，豆饼粉 3 千克，石灰粉 13 千克，石膏粉 4 千克，复合肥 3 千克，食用菌三维营养精素 120 克。使用该配方应注意两个问题：一是原料中的飞絮可能结团，不易吸水，应提前淋水预湿；二是该原料有时含沙土较多，粗略估计比例高达 20％ 以上，要估算沙土所占比例后才能准确设计配方。

（三）玉米芯栽培基本配方

配方一：玉米芯 120 千克，棉籽壳 100 千克，麦麸 30 千克，豆饼粉 4 千克，复合肥 2 千克，尿素 2 千克，石灰粉 7 千克，石膏粉 2.5 千克，食用菌三维营养精素 120 克。玉米芯加入 5 千克石灰粉先堆酵 3 天左右，豆饼粉、复合肥提前 2 天浸泡，然后再进行常规拌料。

配方二：玉米芯 100 千克，木屑 70 千克，豆秸粉 50 千克，麦麸 30 千克，豆饼粉 5 千克，复合肥 1 千克，石灰粉 6 千克，石膏粉 4 千克，食用菌三维营养精素 120 克。

（四）棉秆粉栽培基本配方

棉秆粉 100 千克，玉米芯 50 千克，棉籽壳 50 千克，麦麸 50 千克，豆饼粉 5 千克，复合肥 4 千克，尿素 1 千克，石灰粉 7 千克，石膏粉 3 千克，食用菌三维营养精素 120 克。

（五）豆秸粉栽培基本配方

豆秸粉 150 千克，玉米芯 50 千克，木屑 50 千克，复合肥 3 千克，石灰粉 10 千克，石膏粉 5 千克，食用菌三维营养精素 120 克。

三、栽培管理技术

（一）菌株选择

基本原则是根据产品去向或销售地区消费者的喜好、新开辟市场的需要、企业战略需要等进行选择。

1. 按口味区分　真姬菇有两种口味，即苦味和甜味。在国内市场以及日本市场上，消费者大多喜甜味型菌株，而在东南亚等地，消费者则喜苦味型菌株，这是消费习惯问题。尤其在签订供货合同时，必须搞清楚这些指标。

2. 按色泽区分　包括浅灰色和白色两大类，其中，有的商品名称属于地方市场约定俗成的叫法，而不是学名。有的地方把白色粗长的称为海鲜菇或白玉菇，有的地方则称浅灰色短小的为海鲜菇。

（二）栽培模式

真姬菇的生产方式分为两大类，即顺季生产方式和设施化、工厂化生产方式。前者多被散户、小型企业、合作社采用；后者指不受季节气候制约的周年化生产。生产方式决定了栽培模式。

1. 立体栽培模式　基本操作是将菌袋扎口解开并松开塑料膜，或切割袋口，两头出菇。菌柄弯曲，商品性大打折扣。不需要出菇车间、设备等，适合一家一户利用空闲时间进行生产。

2. 层架栽培模式（卧袋出菇）　基本形式同立体栽培，只是可以更多地利用设施空间，栽培架分为三个架空，连同最上层可以排放12层菌袋，利用空间的效果比较理想。适合小批量生产。

3. 层架栽培模式（立袋出菇） 该模式出菇整齐、菇品质量高，待采之前的架层上看不到任何空闲的地方，全是菌盖，很好看。目前的设施化、工厂化生产即采用该种出菇模式。

4. 单层土栽模式 就是将菌袋底部的塑料膜切开或环割切掉部分塑料膜，然后将菌袋用土培住下半部分，使基料与土壤接触，并从中吸收部分水分和营养，以达到给基料补水和出菇高产的目的。山东地区曾经采用过该栽培模式，但因菇品含水量过高、货架寿命短以及开春后病害严重而未能推广。

（三）菌棒制作

参考农业废弃物生产金针菇的相关内容。

（四）后熟培养

后熟培养是真姬菇栽培的必要条件。完成基本发菌的菌袋，可放在原地不动，利用通风等方式使室温升高至35℃左右，但不可高于37℃，其他条件可同前期发菌阶段。如果空气过于干燥，菌袋失水严重，可适当提高湿度至80%，但不可再继续升高，通风量较前期稍加大。管理方便时，可适当增加光照及温差刺激，以提高后熟效果，缩短培养期。一般50天左右，菌丝体即可达到生理成熟。生理成熟的标志是菌袋由洁白色转为土黄色；重量较接种期低得多，由于培养时间长，菌袋失水率一般在30%左右；基料由于失水而严重收缩，已具备离壁条件，但由于失水速度极慢，基料与塑料膜贴合较紧，随着基料收缩塑料膜呈凹凸不平的皱缩状，但二者结合紧密；手敲发出清脆轻音，不闷不沉；无明显病虫害及潜在危险（虫卵等）。根据上述内容判定该批菌袋是否达到后熟培养效果。

（五）出菇管理

1. 搔菌 这是真姬菇生产中的必须工序之一。各地可根据安排出菇时间的长短、温度的高低等条件，确定搔菌的方式及力度。

①如时间充裕，可提前进行搔菌，该时间段内温度偏高，此时搔菌可采取重搔方式。比如将袋口打开，用专用工具将原接种块去掉，并顺便将表面基料刮除 0.2～0.3 厘米厚，然后可使其在较高温度条件下重新长出一层气生菌丝。搔菌后出菇整齐一致，菇体大小均匀，既提高了商品质量，同时也便于管理。

②如时间偏晚，可使用硬质毛刷将袋口表面菌丝破坏掉，但不去掉接种块，该搔菌方式较上一种方式效果稍差。

③若搔菌时气温已稳定在 10～20℃，很适合出菇，也就是说根本没有时间使搔菌后的菌丝恢复，就不宜进行稍有力的搔菌。入棚后的菌袋在不打开袋口时，即将袋口按在地面上轻揉 1～2 圈，可使表面菌丝稍受损伤，也可分离基料与塑料膜，但同样不可去掉接种块，然后打开并拉直袋口，使袋口基料在小环境中进行自然转化，亦可保证料表不过分暴露于空气中，以免因湿度不足造成料面干燥失水或者硬化，导致不易现蕾。

2. 注水　搔菌处理后，至温度适合出菇时，可进入注水程序。向袋内灌注清水 200～300 克，两头出菇的菌袋可直接浸入水池中，令其自行吸水，约 2 小时后，将多余清水倒出，或将菌袋从水池中捞出重新码放。该工序可对菌袋进行有效刺激，并能补充适量水分，以促进出菇。

3. 催蕾　在气温较适宜的条件下，应严格控制菇棚温度为 12～16℃，最佳为 15℃左右，相对空气湿度控制在 90％～93％，二氧化碳浓度 0.2％～0.3％，有适量通风，并控制光照度在 50～100 勒克斯，约一周后袋口料表便可生长出一层浅白色气生菌丝，并形成一层菌膜。此时，调控上述各种条件造成适量偏差，以刺激菌膜快速向原基方向转化。数日内菌膜渐由白色变为灰白色，继而转成灰色，这是形成原基的重要信号。此时应逐渐加大湿度及提高光照度，经 3～5 天，灰色菌膜表面将会出现细密的原基，并逐渐分化为菇蕾。

4. 菇期管理　蕾期之后，迅速分化为幼菇，此时已具子实体基本形态，尤其是菌柄迅速伸长，菌盖虽然分化速度稍慢，但亦慢慢增大增厚。随着幼菇长大，需氧量增加，应适当加大通风，但不能因为加强通风而降低棚温及棚湿，尤其不能随意加大其差值。此时外界气温已偏低，故通风应选择合适时间段，如 10：00 后至 15：00 前通风，相对比较容易保持棚温，但若在晚间通风，则很可能拉大温差，形成对幼菇的不利刺激。同理，过强的通风也会拉大棚内湿差，故通风应以勤、慢、小、常为主，始终保持棚内空气新鲜。但如过分强调保持棚湿，往往易使通风不良，过高的棚湿加之通风不良，则极易引发某些病害，对生产造成意想不到的损失。随着菇体不断生长，应适当调控光照度在 500 勒克斯左右，最大可调至 1 000 勒克斯，但由于过强的光照易使子实体商品质量降低，故大多数时间内可维持在 500 勒克斯左右，使真姬菇既有周正的形态，又具正常的色泽，从而提高商品价值。

5. 适时采收　当子实体长至约八分熟时，即应及时采收。采收的基本标准是菌盖斑纹清晰，色泽正常，形态周正，具旺盛的生长势，菌盖直径 1～3 厘米，菌柄长 4～8 厘米，最长 12 厘米，粗细均匀，色泽正常。采收时可根据商家要求，把握采收时机，一般每丛菇中约 80% 符合标准时即应整丛采收，不可等小菇长大而使应采的子实体老化，耽误了最佳采收时机，使商品价值大大降低，从而影响整体生产效益。采收时将整丛菇采下后，置入塑料方盘内集中送往整理加工点，清除基部杂物，并做简单分级处理，整个操作过程需做到小心轻放、不碰撞、不挤压，以防菇体破损或变色。

四、病虫防治技术

（一）杂菌污染

可参考第二章第一节相关内容进行处理，不再详述。

（二）侵染性病害

主要表现为死蕾、死菇以及菇体变软、变褐等。预防措施：每5天左右喷洒一次百病去无踪，并间隔使用百病傻和赛百09。杀菌措施：发现少量病菇时，可就地采去病菇，刮除其着生料面，并涂刷赛百药物杀灭病原菌；如染病菌袋占总量的10％左右时，应将其移出棚外，单独处理，方法是清理病菇，用赛百"药浴"浸泡，然后单独放置，养菌后使其再度出菇，同时应加强预防用药。

（三）生理性病害

1. 迟迟不现蕾 完成后熟培养的菌袋进入菇棚后，温度条件适宜，但10天后却仍然不现蕾。

原因：主要是温度过于恒定，没有相应的温差，连起码的自然温差也没有；湿度也过于稳定，没有一定的空气流动等；基料配比不合适，氮素偏高，导致营养生长不能自行停止。

防治措施：前2个问题可通过加大温差、湿差来解决；基料氮素高，无法立即解决，可配制5％石灰水，将菌棒浸泡1小时，以尽快同化氮素，促进转化现蕾。

2. 出菇不齐 典型表现就是同一出菇面上的子实体大小不一，无法进行统一管理。

原因：未进行搔菌、通风和光照不匀、人工装料使菌袋松紧不一致等。

防治措施：真姬菇的搔菌处理十分重要，必须按要求进行；根据菇棚方位和菌墙设置通风孔，均匀安排通风和光照；尽量做到人工装料的菌袋松紧一致，有条件的使用机械装料。

3. 虫害防治 低温季节害虫基数低，如果预防得当，一般不会发生危害。如发现有成虫，则第一时间使用氯氰菊酯进行杀灭，不留后患。此后应注意防范，尤其春节后还在继续出菇时，更要密切观察。

第五节 白 灵 菇

白灵菇，与真姬菇、金针菇等品种相同，属于低温型食用菌品种，适宜出菇温度为 8～12℃。我国生产的白灵菇，菌种采集于高原地区，已申请了"国际地理标志"，具有明确的"国家标志"，这就是白灵菇的"国际身份证"。

白灵菇有五大区别于其他食用菌品种的典型特点：

一是超大型，单菇平均重 150 克左右，个别硕大的可达 1 000 克以上。

二是低温品种，适宜出菇温度为 8～12℃，20℃及以上条件下也可勉强出菇，但商品价值则大打折扣。

三是菌丝后熟，白灵菇是继真姬菇之后必须经过菌丝后熟才能出菇的品种，本研究团队多年来在其他食用菌品种上推广的菌丝后熟培养技术就是受真姬菇和白灵菇的启发，经过试验以及验证确定效果后分析总结而得。实践证明，在大多数食用菌品种的生产中，菌丝后熟培养技术出现的问题较少，因为该技术已经超越了原有界限，不但具有较高的实用价值，而且具有一定的理论深度。

四是子实体单生，在低温型侧耳属食用菌中独树一帜。

五是菇体肥硕，菌盖初凸出，呈贝壳状，后平展，形如手掌，并逐渐下凹呈歪漏斗状，后渐平，白色，直径 5～18 厘米或更大，菌盖边缘初内卷，菌肉白色肥厚，中部厚 0.3～6 厘米，最厚可达 8 厘米，向边缘渐薄。

一、废弃物原料的选择

白灵菇是木腐菌，但在长期实践中，白灵菇的生物学性状有所改变，可以适量使用偏软质的材料进行栽培，如玉米芯等，因此，原料的选择应该因地制宜，不必也不要拘泥于某一种原料。

二、生产配方的设计

（一）棉渣栽培的配方

棉渣 200 千克，玉米芯 150 千克，木屑 50 千克，麦麸 100 千克，豆饼粉 10 千克，石灰粉 20 千克，石膏粉 6 千克，复合肥 3 千克，食用菌三维营养精素 360 克。3 种主料提前 3 天，分别加石灰粉 3 千克、10 千克、5 千克进行预湿堆闷；豆饼粉加水浸泡；复合肥粉碎后加水浸泡。

（二）棉秆粉栽培的配方

棉秆粉 100 千克，玉米芯 50 千克，棉籽壳 50 千克，麦麸 50 千克，豆饼粉 5 千克，复合肥 4 千克，尿素 1 千克，石灰粉 7 千克，石膏粉 3 千克，食用菌三维营养精素 120 克。棉秆粉和玉米芯，应分别加入石灰粉 4 千克、2 千克进行堆闷，分别堆闷 5 天和 3 天，然后再进行常规拌料。

（三）蔗渣栽培的配方

蔗渣 300 千克，棉籽壳 200 千克，米糠 10 千克，复合肥 6 千克，尿素 3 千克，石灰粉 30 千克，石膏粉 6 千克，食用菌三维营养精素 360 克。蔗渣加入石灰粉 25 千克，拌匀后堆闷，中和酸性的同时，使原料颗粒吸水。3 天后拌料装袋即可。

（四）秸秆混合料栽培的配方

棉秆粉 200 千克，玉米芯 100 千克，豆秸粉 100 千克，麦麸 70 千克，玉米粉 30 千克，石灰粉 30 千克，石膏粉 5 千克，食用菌三维营养精素 480 克。参考前述对主要原料分别进行堆闷，然后常规拌料即可。

三、栽培管理技术

（一）栽培模式

1. 立体栽培模式　就是将菌袋就地密集横排、码高 8 层左右、两头出菇的生产模式。这是一种散户喜欢采用的生产模式，由于无须栽培架等设施，投资相对较少，北方地区多喜采用。

2. 层架立体栽培模式 就是利用简易栽培架横向排袋、两头出菇的栽培模式。使用宽度为 20～25 厘米的栽培架，或用砖就地建造，层高 40 厘米左右，使用竹木类材料即可，一般安排 4 层，连地面共设 5 层即可。

3. 层架立式栽培模式 即采用小菌袋立于菇架上一头出菇的生产模式。层高设置 35 厘米左右，立排菌袋，子实体自然向上，充分显示出白灵菇的肥硕及其菌盖厚度，使消费者对产品有好的印象，提高白灵菇的知名度。

4. 单袋覆土栽培模式 就是将菌袋扎口打开后密集排于菌畦上，单袋覆土、朝上出菇。

5. 裸柱覆土栽培模式 就是将菌袋褪去塑料膜后，菌柱间隔 3 厘米左右立式排于菌畦上，然后覆土出菇。该模式最大优势就是水分供应充足，产菇量高。但是，采用该模式占地面积大、菇品含水量高、货架寿命短，不适合长期运作，更不适合打品牌。

（二）催蕾操作

1. 温差刺激 只有进行合适的温差刺激，白灵菇才能如期现蕾，这是重要特点之一。菌袋进入菇棚后，再给予一周至半个月的低温刺激，控制在 15℃ 以下，温差一般可在 10℃ 以上。要点：一般地区应尽量拉大温差，但在东北、西北等地区，自然温差超过 15℃ 以上时，就不要再加大温差了。

2. 光照刺激 配合温差刺激，白天给予 500～1 000 勒克斯的散射光刺激，菌袋很快即可现蕾，且现蕾整齐。一旦现蕾，即可恢复正常管理。

（三）出菇管理

1. 蕾期管理 蕾期的最大问题有两个：第一个是温差，在 12

月至翌年 2 月采用自然温差就好,设施化生产无须开动设备;第二个就是通风问题,必须通风,但不得通大风。空气相对湿度当以90%左右为宜,短时的湿度饱和只要在 1 小时内可以恢复正常的,就不用采取管理措施。

2. 幼菇管理　以保温、保湿为主,温度保持在 8~15℃,尽量维持在 8~13℃,湿度应保持在 85%~90%,不要过湿。其余的可参考"蕾期管理"。

(四) 成菇管理

1. 温度　不要低于 5℃,否则白灵菇不易开伞,有时白灵菇不开伞并不是通风不好,而是温度过低。但是温度也不能过高,尽量不超过 18℃,过高易使子实体菌盖变薄、菌柄细长,具大平菇形态,基本丧失白灵菇特有的造型,严重影响商品质量。为了获得高品质产品,应将温度调整到 10℃左右,对菇体发育慢、形态好、质量高起着很关键的作用。该阶段的管理,还应根据上市计划以及市场状况等具体掌控。

2. 湿度　为了维持子实体正常生长,要经常喷细水雾,但不直接将水喷到子实体上,否则低温条件下,易造成菇体呈水渍状。

3. 光照　在该阶段光照可强一些,但不能直射。强一些的散射光可使白灵菇色泽正常洁白,一般在 300 勒克斯左右即可满足。

4. 通风　该阶段子实体呼吸量大,因而应保证充分通风换气,但应与温度、湿度相辅相成,不能顾此失彼。

(五) 适时收获

正常情况下,当菌盖初显平展、边缘尚内卷、菌柄对应的菌盖处未有或仅有少量白色粉末状物质出现、尚未散发孢子时,即为八分熟左右,要及时采收。如果有特殊需要,比如很嫩的鲜菇需要进行长途运输或贮藏,则应根据要求确定采收的成熟度。

四、病虫防治技术

（一）杂菌防治

白灵菇生产中，形成危害的杂菌主要有链孢霉、木霉、毛霉、曲霉等，防治方法可参考第二章第一节相关内容，不再详述。

（二）侵染性病害

1. 黄色斑点病　原因是喷水时直接将水滴喷到了子实体上。正确方法是用喷雾器往上喷细雾来增加空气相对湿度。

2. 腐烂病　原因是温度过高，超过 20℃，即超出白灵菇正常生长适宜的温度范围，造成子实体生长不良，腐烂而死。出菇期菇棚内应维持 8～15℃的温度较为合适，以 8～12℃为最佳，高于20℃即增加了发病机会。

（三）生理性病害

1. 高脚菇　原因有 2 种，其一是菇棚通气不良，造成菌柄徒长；其二是现蕾过多，疏蕾太迟。解决办法：出菇期间一定要保持良好的通风条件；应在菇蕾长至小纽扣大小时及时疏蕾。

2. 菌柄细长　多是因为通气不良及疏蕾过迟。解决办法：在中午气温较高时开棚通风；具有调控条件的可随时调整通风，保持二氧化碳浓度在 0.1％以下就好。

3. 菌盖偏薄　主要原因是棚温偏高，菌盖生长迅速造成的；或者基料营养不足；或者菇棚空气相对湿度偏低或过低。解决办法：根据发生原因调整，对症下药即可解决。

（四）虫害防治

白灵菇出菇阶段的前期预防工作不到位，或春季转暖后，容易发生菇蝇、菇蚊危害，冬季一般不会发生虫害，一旦发现，可在棚内喷洒少量氯氰菊酯类药物予以防治。

第六节　茶　树　菇

茶树菇，中温型食用菌品种。在马铃薯葡萄糖琼脂（PDA）培养基上，26℃条件下，孢子经 24 小时萌发，48 小时后肉眼可见到微细的菌丝。菌丝生长的适宜温度为 23～28℃，超过 34℃停止生长。子实体原基分化的温度范围是 12～26℃，适宜温度为 18～24℃，较低或较高温度都会使原基分化推迟。温度较低，子实体生长缓慢，但菌肉组织结实，菇体较大，质量好；温度较高，易开伞和形成长柄薄盖菇，易老化，菇品质量严重下降。茶树菇的特点主要有 2 个：一是有膜质菌环，因后期脱落，故不明显；二是有独特的茶香味，干、鲜品均有且较明显。

自 21 世纪以来，原来名不见经传的茶树菇开始向北方发展，迅速占领了大小餐馆，干、鲜品很快进入超市等销售场所，成了我国非常受欢迎的食用菌品种。究其原因，就是茶树菇具有独特的茶香味，以其特色吸引了消费者。

一、废弃物原料的选择

茶树菇是一种木腐菌，经驯化后的菌株，可用栽培木腐菌的常规方法栽培，对原料也没有特殊要求，一般阔叶木屑、棉籽壳、玉米芯等秸秆类材料以及中药渣、甘蔗渣等加工业废渣均可用于栽培。

二、生产配方的设计

茶树菇的生产配方没有特别之处，与真姬菇、金针菇等基本相同，只列举两个配方供参考：

1. 玉米芯、木屑、豆秸粉组合配方　玉米芯 200 千克，木屑 120 千克，豆秸粉 120 千克，麦麸 60 千克，豆饼粉 10 千克，石灰粉 12 千克，石膏粉 4 千克，食用菌三维营养精素 120 克。玉米芯、木屑、豆秸粉分别加入石灰粉 4 千克、5 千克、3 千克拌匀，视气温状况分别堆闷 3 天、5 天、2 天，然后再将全部材料放在一起拌匀，即可装袋。

2. 蔗渣组合配方 蔗渣 300 千克，棉籽壳 100 千克，玉米芯 100 千克，豆秸粉 100 千克，麦麸 100 千克，豆饼粉 12 千克，复合肥 2 千克，石灰粉 14 千克，石膏粉 3 千克，蔗糖 2 千克，食用菌三维营养精素 120 克。蔗渣加入石灰粉 6 千克、棉籽壳加入石灰粉 2 千克、玉米芯加入石灰粉 4 千克、豆秸粉加入石灰粉 2 千克，拌匀后分别堆闷 3 天、2 天、3 天、2 天，然后按常规方法拌料即可。

三、栽培管理技术

（一）栽培模式

1. 立体栽培模式 将菌袋袋口打开，横卧于地面上，码高数层，一头或两头出菇。该模式起源于两头装料、两头接种的传统生产，后来采用折底袋单头出菇时继续沿用该模式，只是要设法保持菌袋的稳定性，不要发生倒垛即可。该模式适合散户采用，不适合企业的商品化生产。

2. 层架栽培模式 就是利用层架进行出菇的栽培模式，可以最大限度地利用栽培空间，有两种基本方法：

（1）侧卧两头出菇。基本形式同立体栽培，只是可以更多地利用设施空间。20 世纪 80 年代，试验和小批量生产全部采用该种模式，栽培架宽约 20 厘米，每层高 40 厘米，可以排放 3 层菌袋，栽培架分为 3 层，连同最上层可以排放 12 层菌袋，利用空间的效果比较理想。

（2）菌袋单头出菇、栽培架两面出菇。这是一种类似两头出菇的栽培模式。使用折底袋制作菌袋，菌袋底部与栽培架宽的中间部位相对，出菇头向外，形成两头出菇的假象，实际是单头出菇。

3. 立式栽培模式　就是在传统的菇棚内或在栽培架上，将菌袋（瓶）直立密集排列、向上出菇的栽培模式，现多用专项设计栽培箱，根据企业生产实际设计，箱内恰好排入数量合适的栽培菌袋（瓶），而无多余空间，既便于安排生产、运输、灭菌、接种以及排架出菇等操作，又可以很方便地计算工作量。这是设施化或工厂化栽培的基本模式。

（二）催蕾操作

将菌袋扎口打开，拉直菌袋，让菌丝由营养生长转入生殖生长，料面初现少量黄水，继而出现子实体原基。此时空气相对湿度要提高到 95% 以上，早、晚喷雾保持空气相对湿度，光照度控制在 500 勒克斯以上，温度调至 18～24℃，原基很快分化为菇蕾。

为了加快原基形成，可采取变温刺激、机械振动刺激，并提供充足的氧气。但此时应注意通风不能过大，否则易使割袋口处干燥、失水，导致菇蕾不能正常形成。

（三）出菇管理

1. 蕾期管理　该阶段的管理重点首先是温度应尽量保持稳定，尤其防止 10℃ 以上的温差；其次是通风，保持空气流动速度缓慢，二氧化碳浓度在 1% 以下即可；最后是空气相对湿度，维持在 90% 左右就好，注意不要过高，过高的空气相对湿度很可能引起某些病害的发生。

2. 幼菇管理　幼菇期管理的重点与蕾期基本一致，首先是温度，其次是通风，最后是水分。具体内容可参考蕾期管理。

3. 成菇管理　成菇期管理的重点是通风、水分，温度和光照降为次要因素。

4. 适时收获　当菌盖颜色逐渐由深变浅，子实体已充分长大，但菌膜未破裂，菌盖小而肥厚、呈欲展开之势，菌柄粗长、肥嫩时，即可采收，此时茶树菇达到七、八成熟。如需长途运输或气温较高，应提前采收，即五、六成熟时采收。注意采后即应进入冷库预冷，然后才能包装发货。

5. 潮间管理 潮间管理的工作主要有三个：第一，清理卫生，尤其需要清理尚未采收的子实体，采收时遗留的菇脚、废料等，清理出菇面的废料必须及时清出菇棚；第二，喷洒药物，包括杀菌药物和杀虫药物，并应在封棚后间隔 3 天左右观察一次，发现问题及时进行处理，以确保潮间不会发生病虫危害；第三，菌袋的补水，应根据菌袋的失水状况、生产条件等具体因素确定，不能机械地采取某种方法。

四、病虫防治技术

(一)杂菌防治

可参考第二章第一节相关内容，不再详述。

(二)侵染性病害

1. 斑点病 染病子实体菌盖出现水渍状斑点，呈褐色，但不腐烂。原因是湿度过高，菌盖上凝结水珠，造成某些病原菌侵染。

防治措施：坚持预防为主的原则，对菇棚采用药物预防的效果很好；清理病菇，加强通风，注意用水时不要对子实体直喷；发病后喷洒 1～2 遍黄菇一喷灵即可。

2. 根腐病、软腐病 染病部位集中在子实体基部，起初只是在基部萌发出白色绒状菌丝，后菌丝覆盖料面并包围菌柄，使之密不透气，子实体生长缓慢，最后腐烂，并伴有臭味。该菌丝一般不伸到袋口外生长，属真菌性污染。原因是预防不到位，病原菌侵染菌袋出菇面，加之通风不良、温度偏高。

防治措施：采去染病菇体，并刮除料面 0.5 厘米厚，使基料露出，涂抹赛百 09 溶液，快速杀灭病原菌，然后密闭菇棚，喷洒赛百 09 300 倍液，使菌袋休养，待下潮菇发生。

3. 黏菌病　细菌性病害，主要发生于茶树菇的出菇面，发病菌袋菌丝生长受到严重抑制，子实体受到危害呈软腐状、霉烂。

防治措施：选用优质菌种，最好经过脱毒处理；加强出菇棚室的通风换气，最大限度地降低棚内二氧化碳浓度；发病后即应停止喷水，采掉病菇后，喷洒百病傻 300～400 倍液，同时加大通风，隔日再喷一遍。

4. 腐烂病　细菌性病害，表现为菇体呈水渍状腐烂、恶臭，病斑褐色有黏液，发生于菌柄和菌盖上，菌柄发黑，菌柄内纤维管束由白色变黑色。在菇棚高温高湿、子实体有机械损伤或虫伤时易发生。

防治措施：采去病菇并清理卫生后，喷施黄菇一喷灵 500 倍液，或者 1% 漂白粉溶液，同时停止用水，加强通风，一般连续用药 2～3 遍即可抑制病害的再度发生。预防的主要措施是控制棚室内空气相对湿度不要过高，保持良好的通风条件。

（三）生理性病害

1. 死菇　幼菇生长至 3～6 厘米长时，萎蔫、变黄褐色而死亡，常整袋发生，造成减产。原因是温度变化过大，幼菇不适应所致。

防治措施：针对发病原因，及时调整管理措施即可有效控制。

2. 早开伞　环境温度偏高，或某一时段大幅升高，造成早开伞，形成老化菇，商品价值大打折扣。

防治措施：注意气象预报，提前做好预防工作，出菇管理中最好安装控温装备，即可有效避免该类问题的发生。

（四）虫害防治

1. 菇蚊、菇蝇　常见害虫，具体防治措施参考第二章第一节相关内容，不再详述。

2. 螨类　主要是粉螨，成螨和幼螨均能危害。菌丝被害后表面有黄色或褐色粉状物，子实体被害后出现黄褐色的斑点，菌柄或菌盖上有凹斑或畸形。反季节生产时，温度由低向高过渡的春季多发，此前发生过螨害的棚室会因为害虫潜藏而再度发生虫害，多雨季节发生较多。

防治措施：一经发现，及时采去病菇并清理卫生，然后喷洒阿维菌素溶液，不要通风，闷棚十几个小时即可；翌日通风后，将菌袋取出在阳光下进行观察，如无活虫即为灭杀彻底，如仍有活虫，则应再次用药。

第七节 灵 芝

灵芝，一种高温型真菌，生长发育要求温度较高。菌丝在12~36℃条件下均能生长，以24~27℃为适宜温度，低于6℃或高于36℃则生长缓慢。子实体在18~30℃条件下均能分化，但以27℃左右时分化最快、发育最好，低于20℃则难以分化。

《神农本草经》中记载，灵芝可益心气、安精魂、坚筋骨、补肝益肾。《本草纲目》中记载，灵芝性平、味苦、无毒，益心气、入心充血、助心充脉、安神。

灵芝的药用价值古人即有记载，但观赏价值却是20世纪80年代以来才被广泛开发的，如以灵芝制作的各种盆景等。

与其他食药用菌不同的是，灵芝可以产生大量的孢子，故有"孢子粉"这种商品。灵芝孢子粉具有药用价值，尤其是经处理后的"破壁孢子粉"价值更高。

一、农业废弃物的选择

灵芝为典型的木腐菌，营腐生生活，其所需营养以碳水化合物和含氮化合物为基础，如葡萄糖、蔗糖、纤维素、半纤维素、木质素等，也需要一定的矿质元素，如钾、镁、钙、磷等。在人工栽培中，以木屑、棉籽壳、玉米芯等秸秆类原料以及加工业废料如中药渣、蔗渣、沼渣为主要原料，配以适量的麦麸、米糠等为辅助原料，适量添加一些无机营养，即能很好地满足灵芝对营养的需求。

近几年来，山东等地的菇民开始试用木糖渣进行灵芝栽培，取得了比较理想的效果，使生产成本大大降低。但是本研究团队观察发现，灵芝的质地有所变化，对于其内在品质是否也随之变化，我们尚未采样进行相关检测，只待有相关合作单位以后再进行专项研究。

二、生产配方的设计

（一）棉秆粉混合料基本配方

棉秆粉 500 千克，玉米芯 300 千克，棉籽壳 100 千克，麦麸 150 千克，豆饼粉 15 千克，复合肥 4 千克，尿素 2 千克，石灰粉 12 千克，石膏粉 5 千克，轻质碳酸钙 2 千克，食用菌三维营养精素 600 克。棉秆粉、玉米芯分别加入石灰粉 6 千克、3 千克，拌匀后堆闷，2 天后共同拌料，常规装袋、灭菌。

（二）玉米芯混合料基本配方

玉米芯 400 千克，木屑 300 千克，麦麸 150 千克，豆饼粉 20 千克，复合肥 3 千克，石灰粉 11 千克，石膏粉 5 千克，食用菌三维营养精素 480 克。玉米芯、木屑分别加入石灰粉 5 千克、4 千克，拌匀后堆闷，3 天后共同拌料，常规装袋、灭菌。

（三）木屑混合料基本配方

木屑 300 千克，豆秸粉 200 千克，蔗渣 100 千克，麦麸 150 千克，豆饼粉 12 千克，复合肥 3 千克，石灰粉 12 千克，石膏粉 5 千克，食用菌三维营养精素 480 克。木屑、蔗渣、豆秸粉分别加入石灰粉 5 千克、2 千克、3 千克，拌匀后堆闷，3 天后共同拌料，常规装袋、灭菌。

(四) 以木糖渣为主料的基本配方（试验）

木糖渣（以干品计）600 千克，玉米芯 250 千克，麦麸 160 千克，豆饼粉 20 千克，石灰粉 10 千克，石膏粉 5 千克，食用菌三维营养精素 600 克。木糖渣预先暴晒去酸，玉米芯粉碎的颗粒稍大一些，豆饼粉加水浸泡，然后即可进行常规拌料、装袋等操作。

三、栽培管理技术

(一) 栽培模式

1. 立体栽培模式 就是将菌袋就地横卧排放使之出芝的栽培模式。该模式是食药用菌生产中的典型模式或传统模式，应用非常广泛，尤其适合小型生产和散户栽培。近年来，山东等地药用灵芝的商品化生产中，95％以上采用该模式。

基本操作：剪掉菌丝成熟的菌袋，两头扎口，将菌袋码高 6～8 层，使之两头出芝。多数菌袋只会在一头出芝，规格偏小的更是如此，所以应根据具体情况确定打开一头或者两头。

2. 层架栽培模式 利用栽培架进行管理，两头或一头出芝。

基本操作：使用宽度为 20～25 厘米的栽培架，层高根据菌袋规格进行设置，一般设置 40 厘米，排 4 层菌袋即可。

3. 畦栽模式 将菌袋横卧或立放于菌畦中，覆土栽培出芝的模式。

基本操作：将菌袋褪去塑料膜，将菌柱立放或卧放于菌畦上，覆土厚约 3 厘米，灌水使土沉实，然后再将凹陷处用覆土材料补齐，使之平整。每采收一潮芝后灌水，以达到补水的目的。一般每批投料可出 2 潮芝，培育大型灵芝的只能出 1 潮芝。

4. 堆栽（盆景）模式 就是根据培育目标，将若干菌袋或菌柱集中在一起，或捆绑或松散聚拢，集中向同一方向出芝，可以培育出与野生芝相仿的重叠皱褶或波纹较多的灵芝菌盖。

5. 艺术观赏芝培育模式 也就是培育灵芝盆景的模式，根据园林艺术设计概念，利用灵芝的生长特性，使其菌盖、菌柄在生长过程中按照人们的设计或培育方向进行理想化生长和发展的一种生产模式。

基本操作：多是架层或高架培育，也可以是覆土培育，应根据设计产品的要求进行合理安排。

（二）出芝管理

1. 催蕾　排袋后，应利用昼夜温差、棚室浇水等办法尽量拉大棚室内的温差。菌袋出现原基后，停止人为制造温差，立即剪掉袋口塑料膜，使原基尽快分化，其间应根据分化状态和幼蕾出现情况，及时进行疏蕾操作。注意要点：根据棚室内的湿度状况，每天或间隔1～2天灌水一次，以确保幼蕾生长在高湿和稳定的环境中。

2. 蕾期管理　首先，完成疏蕾操作，必须确认一个出芝面只有一个灵芝单片；其次，保持较高的空气相对湿度和相对稳定的棚室温度；最后，微弱的通风也是必要条件之一。

3. 幼芝管理　应在稳定温度的基础上，重点抓好浇水、保湿以及微弱通风等环节。

4. 成芝管理　在尽量降低棚室温度的前提下，增湿是主要工作之一。以临近成熟阶段为分界，前期尚需加强通风管理，后期则应密闭不通风，以确保孢子粉的收集不受干扰。

5. 适时收获　当灵芝菌盖的黄白色生长带基本消失、菌盖通体呈棕红色或红褐色、在菌盖或地面上隐约可见到咖啡色孢子粉时，说明灵芝已成熟。出现孢子粉后，不可再往芝棚内灌水，更不可向空间喷水。待子实体呈棕红色、大量弹射孢子时，即可采收。

6. 特殊情况　收获1潮灵芝的，可以尽量延长子实体生长时间和孢子弹射时间，以使孢子弹射彻底，甚至可在灵芝生长带消失后，密闭棚室2周左右，任其自然生长。

7. 孢子粉收集　近几年，芝农们采用风机收集法，既提高了工作效率，又降低了劳动强度，挂上风机，只需每天早上和下午将收集袋打开倒出孢子粉，风机 24 小时工作不停收集，直至完成一个生产周期。

四、病虫防治技术

（一）杂菌污染

多在菌棒发菌期间发生，参考第二章第一节相关内容即可。

（二）烂芝病

多属生理性病害，发生的主要原因是湿度过高、通风不良；也有侵染性病害，大多是真菌侵染导致的。

防治措施：若是湿度高、通风差导致的病害，要停止用水，采去病芝，加强通风，保持湿度在 80% 及以上，待下一潮芝发生即可；若是病原菌侵染导致的病害，应清理感病子实体，并破坏料面，清理地面卫生后，根据病情发生程度，喷洒百病傻 300～500 倍液，连喷 2 遍，菇棚遮阳、避光、加强通风、降低湿度。

（三）原基不分化

主要是环境干燥、温度偏高、通风不良所致，原基仅仅依靠基料的水分生存和发展，在高热、强风条件下，勉强维持生存，难以分化菌盖组织。

防治措施：在加强通风的基础上，提高湿度至 85% 即可。

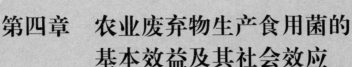

第四章　农业废弃物生产食用菌的基本效益及其社会效应

农业废弃物用于食用菌生产始于 20 世纪 80 年代，很多技术已经家喻户晓，如棉籽壳种双孢蘑菇、玉米芯种草菇等。随着科技的进步和社会的发展，人们对技术的要求自然也越来越高，于是出现一些问题：农业废弃物生产食用菌的效益处于什么水平？农业废弃物生产食用菌的社会效应如何？本章将借助计算等方式解开大家的疑惑，以便更好地推动农业废弃物生产食用菌及其延长生物链事业的良性发展。

第一节　农业废弃物生产食用菌的基本效益

1. 棉籽壳生产平菇　原料综合价大约每千克为 2.40 元。在生产中，我们计算成品的成本，一般就是原料综合价的 2 倍，按此计算，如果与售价持平，则不会亏本会略有盈余，如果售价高于综合成本价，那就是盈利的。比如，栽培平菇，棉籽壳综合价应该在 4.8 元/千克左右，如果鲜菇（生物学效率 100%）售价 4 元/千克，则每千克亏损 0.8 元左右。这只是粗略计算，为了保证盈利，我们都会故意提高一点成本，也就是预先留出一定的利润空间。实际生产应该不会亏损这么多，可能会保持持平。如果生产其他较高档的品种，效益可能就会好一些。

2. 玉米芯　每千克原料的综合成本约为 1.2 元，每人可以管理 5 000 千克原料的平菇，这是个平均数字，按生产周期 4 个月、生物学效率 80%、销售单价 4 元/千克计算：

原料费用：5 000 千克×1.2 元＝6 000 元

人工费用：2 000 元/月×4 个月＝8 000 元

总产量：5 000 千克×80%＝4 000 千克

销售所得：4 000 千克×4 元＝16 000 元

生产利润：16 000 元－（6 000 元＋8 000 元）＝4 000 元。

当然，这是理论推算，其中可能会有变数。以上的成本应该是预留了部分利润的，人工费用较官方公布的 2022 年山东农村人均可支配收入高约 10%。

从以上简单直接的计算可以看出，越是售价低的原料，生产效益越有保证。主要原因有 2 个：第一，棉籽壳货紧价高，使得其投入产出比极不合适，且用棉籽壳生产，最终产菇量不会比用玉米芯生产高出很多；第二，虽然棉籽壳是非常好的原料，但是，与用玉米芯作原料产出的鲜菇是一样的，至少表面上是这样的，所以售价也是相同的，至少也相差不大。由此看来，人们在生产时多选择价格低廉的原料，是有道理的。

3. 大豆秸秆　其售价较玉米芯高约 50%，但是配料中减少了豆饼粉、复合肥以及尿素等辅料，其基料的综合成本与玉米芯基料也就基本持平了。豆秸含氮量高，而且还含有一些玉米芯不具备的营养元素，所以最终产菇量将高于玉米芯。

4. 废棉渣　其营养成分与棉籽壳差不多，其售价略低于棉籽壳，生产效果也差不多。

其他农业废弃物非大宗，也不被当作常备原料，故不赘述。

第二节　农业废弃物生产食用
菌的社会效应

农业废弃物用于生产食用菌，自20世纪80年代推广后，有突飞猛进之势，仅十几年间，生产品种由单一的平菇，迅速增加到十多个品种，并且由于南菇北移等技术的推广、政府资金的介入、各种社会组织团体的成立，至今已有三十多个品种的生产技术均已成熟，很多市场的食用菌销售均已摆脱了"小摊子"，占据市场较大位置。总而言之，用农业废弃物生产食用菌给人们带来了意想不到的效果。

1. 改变了人们对"农业废弃物"的认识　我国作为农业大国，每年产出农业废弃物的数量惊人。人们过去虽也利用秸秆作薪柴、用牲畜粪便作肥料等，但是一直是零散利用，并且利用效率较低，农民坦言"都是不值钱的东西"。随着经济的发展，农村的大部分青壮劳力外出打工，老幼在家更是无力收集这些秸秆，随着化肥的应用，人们也很少收集和利用粪便，导致秸秆随地堆放、任其腐烂，粪便无人收集利用，环境越来越差。资源型物质不但没有被利用，反而成为污染农村居住环境、污染空气的根源。

把秸秆、粪肥等用于食用菌生产后，农村环境明显改善了，如将多个村庄进行横向比较自然就会发现，利用农业废弃物生产食用菌的村庄，村内外极少见到成堆的秸秆，也极少见到粪堆，村内外的空气也好得多。同时，村民通过生产食用菌，逐渐富裕了起来。

2. 为广大农村脱贫致富作出了贡献　20世纪80年代，种菇的村民逐渐富裕，无须特殊劳作，只要勤勤恳恳种菇就可以致富，当时的万元户，除养殖大户外，多是种菇户。进入20世纪90年代，致富成了最时髦的话题，先期脱贫者，凭着种菇的技术和灵活的思路，转眼又成了致富的带头人，组成了联合体、合作社，带领村民抱团种菇、共同发展。

3. 农业废弃物的有效利用，对于改善农村环境发挥了积极作用 近年来，农村环境整治、建设新农村等活动，使农村的环境发生了巨大变化。以往在乡村，废弃秸秆、牲畜粪便等随处可见。"垃圾是放错位置的资源"，当人们意识到垃圾也是一种可利用的资源，合理利用这些垃圾可以带来一定的经济效益后，村民便会自觉地将这些废弃的资源收集利用起来，如生产食用菌。因此，农业废弃物的利用间接地改善了乡村环境。

第五章　食用菌菌渣特性

　　我国是世界第一食用菌种植大国，产量占世界总产量的80％以上。根据中国食用菌协会2020年统计数据，我国食用菌总产量达4 081.20万吨，产生菌渣约3 900万吨。此外，全世界的食用菌产量逐年增加，且随着我国"一带一路"倡议的提出，非洲国家食用菌产业也开始蓬勃发展，随之而来的是大量的菌渣被弃置。如何高效合理地利用这些菌渣，成为我国乃至世界食用菌产业面临的一个重要问题。

　　菌渣营养丰富，除含有纤维素、半纤维素、木质素等成分外，还含有食用菌的代谢产物，包括粗蛋白、粗脂肪、多种酶类等有机物，还含有钙、磷、氮、钾等矿质元素以及很多微生物菌群，在农业生产中具有很广阔的应用前景。废弃的菌渣可以作为生物质燃料、动物饲料和改良剂、作物栽培基质和肥料、二次种菇基料等被利用，从而实现循环利用。然而在实际生产中大量的菌渣并没有得到妥善的处理，每年约2/3的菌渣得不到有效利用，被当作农业垃圾焚烧或就地堆置或直接施入田中，不但浪费资源，而且污染环境。有的菇农随意将带着菌袋的菌渣丢到生产场地附近、田边或河流中，造成细菌繁殖和病害传播，威胁食用菌产业的健康发展。菌渣直接燃烧，能源利用率较低，有的菌农将菌渣随菌袋一起燃烧，产生大量的黑烟和有害气体，造成空气污染。

目前菌渣问题已得到社会的广泛关注，人们对食用菌循环经济理念的认识逐步提高，菌渣综合利用的研究和开发工作也不断深入，并已取得了一系列成果，国内外相关研究主要集中在二次种菇、有机肥料、动物饲料、栽培基质、土壤改良等方面。目前菌渣的处理技术比较落后，再次利用率低，综合利用范围不广，成为食用菌资源化和高质量发展的瓶颈。

第一节　食用菌菌渣资源分析

目前，用于市场化人工栽培的食用菌已达 40 余种，呈现大宗食用菌产量保持稳定发展，珍稀食用菌不断丰富的态势。以山东为例，其中平菇、金针菇、香菇、黑木耳和杏鲍菇 6 种主栽品种产量占全省食用菌总产量的 80% 以上。食用菌菌渣又称菌糠、菇渣、蘑菇下脚料等，是代料栽培的剩余培养物，食用菌菌渣可分为两大类，即木腐菌渣和草腐菌渣。木腐菌采用菌棒栽培，基料由木质素含量高的木屑、棉籽壳、玉米芯等原料配制，主要利用木质素作为营养物质，菌渣主要由秸秆、木屑等的粗纤维与菌丝残体复合而成；而草腐菌多采用覆土栽培的方式，基料可采用畜禽粪便、秸秆等含氮量高的物料配制，主要分解纤维素作为营养来源，菌渣中通常混有草炭和土壤。因此，木腐菌菌渣和草腐菌菌渣在形态、理化特性、营养指标等方面均有较大差别。

不同食用菌的生物学效率差距较大，如平菇的生物学效率为 90%～100%，金针菇为 90%～120%，杏鲍菇为 60%～80%，双孢蘑菇、草菇仅为 30%～40%。因此，不同食用菌出菇前菌包重量、出菇量和菌渣产量均有显著性差异。

自 2010 年以来，全国的菌渣资源量大幅增加，年际间的变化趋势与食用菌总产量变化趋势保持一致。据中国食用菌协会统计，2015—2020 年，我国食用菌产量由 3 476.27 万吨增至 4 081.20 万吨。以生产 1 千克食用菌鲜品产生 0.966 千克菌渣（湿重）计算，2020 年菌渣产量可达到 3 942.44 万吨。食用菌菌渣的产生量大、集中，利用得好是资源，利用不好就会占用土地、造成环境污染。因此，需要因地制宜选取菌渣资源化技术路径，打通食用菌和农业生产之间的循环路径，延长食用菌产业链，提高废弃物资源综合利用效益。

第二节　食用菌菌渣理化特性

目前肥料化和基质化（育苗基质、栽培基质）是菌渣较主要的利用模式，实际生产中，因不同食用菌品种在培养基质、养分需求、生产环境等方面存在较大差异，造成食用菌菌渣理化特性（物理特性、养分含量、重金属等）差异大，然而过去多数研究均未考虑食用菌品种间的差异。明确菌渣的物理特性、养分和重金属含量，是评估其在农业生产中对生态环境安全的风险，确定其是否适合肥料化和基质化利用的基础。

2020—2021 年，笔者在山东省主要食用菌生产区采集了具有代表性的菌渣样品 150 份，其中包括平菇、香菇、金针菇、黑木耳、杏鲍菇、草菇、双孢蘑菇、长根菇、灵芝菌渣和其他类（茶树菇、大球盖菇、猴头菇、姬菇、蟹味菇、榆黄菇、雪花菇、灰树花、鲍鱼菇、鹿茸菇、黄伞、滑子菇等）菌渣。菌渣样品的采集按照随机抽取法，在近期完成收获的同一品种食用菌菌包中随机选取 3～5 个菌包进行取样。检测了氮、磷、钾、有机物等养分指标，pH、电导率（EC 值）等理化指标，孔隙度、容重等基质指标和重金属等安全性指标，以期为食用菌菌渣的高效安全利用提供数据支撑。

一、理化指标

容重是单位容积内基质处于自然状态时的干重，主要影响植物根系固定与扩展；总孔隙度是基质中持水孔隙度与通气孔隙度的总和，主要影响植物根系的水分吸收与气体交换。适宜的基质容重与总孔隙度有利于植物根系吸收养分与生长。

由表 5-1 可以看出，不同种类的食用菌菌渣平均容重为 0.60～0.69 克/厘米³、总孔隙度为 38.12%～89.43%、通气孔隙度为 0.60%～30.51%、持水孔隙度为 30.82%～86.67%，其中同一种食用菌不同生产方式的菌渣通气孔隙度变异系数（CV）较大，有的品种高达 134.99%。从平均值来看，草菇菌渣的总孔隙度最大，超过了 70%；然后是香菇、平菇和灵芝菌渣，均超过了 60%，其余的都低于 60%。所有菌渣的平均通气孔隙度均小于 15%。除了金针菇和黑木耳菌渣，其他种类菌渣的平均持水孔隙度均大于 45%。上述结果表明，从孔隙度上来看，对比育苗基质标准，总孔隙度和持水孔隙度大都达标，如果用菌渣生产育苗基质还需要添加通气孔隙度较大的物料。

表 5-1 不同食用菌菌渣的容重、孔隙度、pH 和电导率

食用菌	项目	容重（克/厘米³）	总孔隙度（%）	通气孔隙度（%）	持水孔隙度（%）	pH	电导率（毫西门子/厘米）
平菇	最大值	0.75	73.24	30.51	72.63	9.00	4.03
	最小值	0.58	43.99	0.60	33.08	5.76	0.75
	平均值	0.63	60.46	10.21	50.26	7.07	1.80
	CV（%）	8.00	11.64	79.56	17.56	16.26	45.20
香菇	最大值	0.74	89.43	19.04	86.67	7.96	2.48
	最小值	0.57	52.52	2.76	40.99	4.03	0.37
	平均值	0.63	64.34	12.37	51.97	5.80	1.51
	CV（%）	11.00	12.68	33.86	20.27	29.66	55.51

（续）

食用菌	项目	容重（克/厘米³）	总孔隙度（%）	通气孔隙度（%）	持水孔隙度（%）	pH	电导率（毫西门子/厘米）
金针菇	最大值	0.61	55.49	14.08	45.00	7.21	3.58
	最小值	0.60	43.97	2.49	36.79	6.33	1.74
	平均值	0.61	49.77	8.24	41.53	6.83	2.54
	CV（%）	2.00	9.75	62.65	6.52	5.19	32.28
黑木耳	最大值	0.64	74.35	19.21	57.76	8.43	1.65
	最小值	0.58	38.12	7.17	30.82	5.37	0.65
	平均值	0.60	56.05	13.25	42.80	6.16	1.23
	CV（%）	5.00	22.99	34.17	24.43	20.72	32.04
双孢蘑菇	最大值	0.71	60.98	9.64	54.90	6.92	5.39
	最小值	0.66	46.25	0.72	45.53	6.39	0.58
	平均值	0.68	55.82	4.70	51.12	6.68	2.99
	CV（%）	5.41	10.02	79.33	6.16	3.62	114.00
长根菇	最大值	0.69	53.47	1.63	52.40	6.45	1.01
	最小值	0.68	48.73	0.94	47.79	5.64	0.08
	平均值	0.69	51.69	1.21	50.48	6.14	0.55
	CV（%）	1.47	5.00	30.22	4.75	5.44	121.00
草菇	最大值	0.67	73.96	14.55	72.78	8.71	1.69
	最小值	0.66	72.97	1.18	58.42	7.55	1.58
	平均值	0.67	73.58	5.69	67.89	8.12	1.64
	CV（%）	0.61	0.73	134.99	12.09	7.29	5.00
灵芝	最大值	0.63	67.83	20.27	59.05	6.80	2.79
	最小值	0.62	49.29	8.09	35.36	5.24	0.43
	平均值	0.62	60.01	14.31	45.69	6.14	1.44
	CV（%）	0.56	12.61	34.82	24.29	10.99	84.85
其他	最大值	0.85	75.72	25.08	68.19	8.17	2.99
	最小值	0.58	45.12	1.34	35.84	4.35	0.29
	平均值	0.63	58.79	11.44	47.35	5.94	1.40
	CV（%）	9.90	14.33	42.43	15.59	19.48	42.14

菌渣 pH 的范围为 4.03～9.00，电导率范围为 0.08～5.39 毫西门子/厘米。不同种类的食用菌菌渣 pH 和电导率差异较大，但同一种食用菌不同生产方式的菌渣 pH 变异系数较小。从平均值来看，除了草菇菌渣的平均 pH 大于 8 以外，其他菌渣的平均 pH 为 5.80～8.12。电导率可以在一定程度上反映菌渣的含盐量，平均电导率较高的是双孢蘑菇和金针菇菌渣，分别达到了 2.99 和 2.54 毫西门子/厘米，最小的是长根菇，但也超过了 0.5 毫西门子/厘米，其他菌渣电导率的平均值均超过了 1.0 毫西门子/厘米。通常认为，基质的可溶性盐含量为 500～1 000 毫克/千克，电导率≤1.25 毫西门子/厘米较为适宜，超出范围有可能对植物根系构成渗透逆境。基质盐含量的适用范围同时与灌溉水的盐含量、灌溉方式、营养液施用、基质槽密闭性等因素相关。育苗基质相对栽培基质来说，适宜的电导率更低，《蔬菜育苗基质》（NY/T 2118—2012）规定，育苗基质电导率指标为 0.1～0.2 毫西门子/厘米。

从上述结果来看，菌渣的电导率一般能满足《有机肥料》（NY/T 525—2021）的相关规定，但由于盐含量较高，菌渣很难直接作育苗基质，如果用菌渣作育苗基质的话，必须采取措施先降低菌渣的盐含量。

二、营养指标

1. 不同种类食用菌菌渣中的养分含量　由于食用菌的种类及培养基原料不同，菌渣的化学组成也不同。由表 5 - 2 可以看出，不同种类的食用菌菌渣中有机质含量差异较大，范围为 10.66%～75.63%，从平均值来看灵芝由于是段木栽培，其菌渣有机质含量最高，平均达到了 70.54%，然后是黑木耳、金针菇和其他类菌渣，有机质含量超过了 60%，香菇、杏鲍菇、草菇和平菇菌渣，有机质含量超过了 50%，最低的是长根菇和双孢蘑菇菌渣，均在 30% 左右，可能是由于覆土栽培，菌渣中掺有大量土壤的原因。从变异系数来看，除了长根菇以外，其他食用菌无论生产方式和基料构成有无差别，其菌渣有机质含量的变异系数均较小。

表 5-2　不同食用菌菌渣中的养分含量

单位：%

食用菌	项目	有机质	全氮	全磷	全钾	氮、磷、钾
平菇	最大值	61.22	2.76	2.35	2.52	4.94
	最小值	35.78	0.82	0.20	0.61	1.64
	平均值	51.62	1.45	0.79	1.53	2.98
	CV	15.01	29.90	72.20	32.50	25.21
香菇	最大值	63.33	2.26	1.29	1.99	3.73
	最小值	49.76	1.24	0.31	0.59	1.82
	平均值	58.33	1.65	0.87	0.97	2.62
	CV	8.13	24.70	36.50	53.60	27.60
金针菇	最大值	63.17	1.91	1.41	1.38	3.29
	最小值	59.93	1.13	0.54	1.25	2.38
	平均值	61.99	1.52	0.88	1.31	2.83
	CV	1.88	26.30	43.40	4.19	15.89
黑木耳	最大值	63.64	1.45	0.48	0.65	2.10
	最小值	61.82	0.43	0.17	0.18	0.61
	平均值	62.60	0.73	0.31	0.34	1.07
	CV	1.50	38.30	34.50	36.80	37.64
杏鲍菇	最大值	58.35	2.71	1.68	1.66	4.36
	最小值	54.81	2.61	1.66	1.63	4.25
	平均值	56.96	2.66	1.67	1.65	4.30
	CV	3.32	1.80	0.76	0.81	1.35
双孢蘑菇	最大值	33.36	1.68	1.26	2.58	4.15
	最小值	24.84	1.49	1.00	2.11	3.60
	平均值	29.13	1.59	1.13	2.38	3.97
	CV	13.56	4.77	8.79	7.80	5.95

（续）

食用菌	项目	有机质	全氮	全磷	全钾	氮、磷、钾
长根菇	最大值	51.79	1.69	0.81	1.39	3.00
	最小值	10.66	0.49	0.38	0.58	1.07
	平均值	31.50	1.08	0.59	0.91	1.99
	CV	69.00	58.80	36.60	40.40	50.02
草菇	最大值	53.97	2.48	2.04	1.55	3.84
	最小值	51.62	1.77	1.20	1.23	2.99
	平均值	52.60	2.10	1.62	1.35	3.45
	CV	2.29	16.36	24.70	8.02	11.82
灵芝	最大值	75.63	1.29	1.09	1.60	2.89
	最小值	65.13	0.21	0.07	0.48	0.69
	平均值	70.54	0.91	0.55	0.99	1.91
	CV	5.96	57.20	65.11	41.50	47.60
其他	最大值	70.73	3.50	1.23	2.26	5.71
	最小值	44.74	0.20	0.10	0.32	0.52
	平均值	61.07	1.42	0.65	1.24	2.65
	CV	9.21	47.51	45.70	34.50	39.50
基质标准		≥35	—	—	—	—
有机肥标准		≥30	—	—	—	≥4.0

不同种类的食用菌菌渣氮、磷和钾含量差异较大。全氮（N）含量为 0.20%～3.50%，全磷（P_2O_5）含量为 0.07%～2.35%，全钾（K_2O）含量为 0.18%～2.58%，氮、磷、钾总含量为 0.61%～4.94%。平均来看，黑木耳菌渣全氮、全磷、全钾含量（0.73%、0.31%和0.34%）均要低于其他菌类，这可能是由于其培养基配料中木屑、玉米芯等低氮原料添加较多，生物转化率相对较高。

氮、磷、钾平均总含量只有杏鲍菇菌渣超过了4.0%，达到了

4.30%，其他菌渣均小于4.0%、大于3.0%、低于4.0%的有双孢蘑菇和草菇菌渣，大于2.0%、低于4.0%的有平菇、金针菇、香菇和其他常见菇种的菌渣，低于2.0%的有长根菇、灵芝和黑木耳菌渣。

对比育苗基质和有机肥标准来看，除了双孢蘑菇和长根菇菌渣，其他菌渣均满足有机肥和育苗基质的有机质含量限量标准。利用菌渣生产有机肥可以添加养分含量较高的辅料进行调配。

2. 其他营养成分　菌棒经过食用菌降解后，木质素降低30%左右，粗纤维降低40%~70%，而粗蛋白提高25%~40%，氨基酸含量为0.05%~0.06%，菌类多糖及铁、钙、锌、镁等矿质元素含量也较丰富。

菌糠中含有未完全被食用菌利用的营养成分以及食用菌在生长过程中分泌的活性成分。比如肌酸、多肽、皂苷、黄酮、甾醇等食用菌代谢产物，用作动物饲料可提高动物抗病能力。菌丝体生长阶段分泌激素或酶类，将其提取后应用在农作物上，能够有效地促进农作物的发育，提高产量。此外，菌渣中残存着各种营养物质，粗蛋白、粗脂肪、粗灰分的质量分数分别为3.92%~4.92%、0.78%~1.05%、1.18%~4.50%，除此之外，食用菌菌糠还含有丰富的氨基酸、多糖类化合物、矿质元素等。

三、重金属指标

表5-3表明，各食用菌菌渣的重金属砷、汞、铅、镉、铬、镍、铜和锌平均含量分别为1.41、0.50、8.12、0.12、72.4、16.8、13.7和74.2毫克/千克，不同食用菌菌渣中重金属含量变异较大。

本研究中的食用菌菌渣重金属砷、汞、铅、镉、铬平均含量分别为《有机肥料》（NY/T 525—2021）中有机肥相应重金属限值的9.4%、25.0%、16.2%、4.0%和48.3%，对比基质标准这个比例会更低。仅有 3 种菌渣（草菇、灵芝和黑木耳）存在汞超标问题，其他菌渣的重金属含量均处于限值标准内，其中砷、铅和镉含量远低于限值，安全性高。上述结果表明在菌渣肥料化和基质化利用过程中，造成重金属污染的风险较小。

表 5-3　不同食用菌菌渣中的重金属含量

食用菌	项目	砷（毫克/千克）	汞（毫克/千克）	铅（毫克/千克）	镉（毫克/千克）	铬（毫克/千克）	镍（毫克/千克）	铜（毫克/千克）	锌（毫克/千克）
平菇	最大值	4.63	2.40	14.26	0.21	108.00	16.06	34.10	162.50
	最小值	0.25	0.00	1.53	0.01	27.10	2.40	1.02	7.80
	平均值	1.47	0.28	6.00	0.05	52.30	6.81	8.18	55.60
	CV（%）	83.80	186.20	71.90	102.40	44.80	56.51	94.81	71.10
香菇	最大值	2.18	0.49	12.63	0.16	79.50	11.53	18.69	119.20
	最小值	0.32	0.02	1.40	0.04	36.40	2.50	5.56	19.30
	平均值	0.75	0.21	5.15	0.10	55.40	6.67	12.47	80.60
	CV（%）	105.60	91.83	95.24	53.22	35.00	51.99	40.41	50.70
金针菇	最大值	0.78	0.14	3.02	0.08	71.80	11.35	15.36	81.50
	最小值	0.44	0.09	1.36	0.01	50.20	2.68	7.33	39.20
	平均值	0.59	0.11	1.96	0.06	63.40	7.94	12.61	65.50
	CV（%）	28.40	21.76	30.93	19.90	16.70	51.61	32.42	31.20
黑木耳	最大值	1.52	0.89	7.83	0.11	86.30	9.08	14.86	48.20
	最小值	0.25	0.03	1.70	0.03	57.00	4.34	7.54	19.30
	平均值	0.64	0.38	4.77	0.07	67.50	6.45	9.50	37.00
	CV（%）	81.57	119.20	52.80	47.12	17.60	26.84	32.40	32.60
杏鲍菇	最大值	1.39	0.37	14.36	0.24	91.20	43.90	17.62	94.50
	最小值	0.96	0.24	6.21	0.10	65.10	11.45	15.47	64.00
	平均值	1.18	0.31	10.28	0.17	78.10	27.67	16.54	79.20
	CV（%）	26.04	30.87	56.02	58.58	23.60	82.91	9.18	27.20

（续）

食用菌	项目	砷（毫克/千克）	汞（毫克/千克）	铅（毫克/千克）	镉（毫克/千克）	铬（毫克/千克）	镍（毫克/千克）	铜（毫克/千克）	锌（毫克/千克）
双孢蘑菇	最大值	5.08	0.34	25.33	0.42	139.90	73.24	41.60	228.00
	最小值	3.75	0.17	17.28	0.31	90.00	35.45	30.87	172.10
	平均值	4.62	0.27	22.05	0.35	117.80	48.91	36.96	209.00
	CV（%）	16.45	31.89	19.17	16.89	21.60	43.16	14.90	15.30
长根菇	最大值	4.67	1.47	18.42	0.27	134.80	49.90	17.22	54.10
	最小值	0.53	0.03	3.16	0.04	68.70	8.06	7.02	40.70
	平均值	2.08	0.57	9.63	0.14	102.60	33.30	10.52	45.30
	CV（%）	97.02	122.80	73.25	76.00	28.80	59.67	49.35	14.90
草菇	最大值	1.58	3.23	19.40	0.19	58.10	11.77	27.33	121.20
	最小值	0.78	0.08	9.14	0.08	50.80	11.32	13.97	78.10
	平均值	1.18	1.65	14.27	0.13	54.50	11.54	20.65	99.60
	CV（%）	39.11	110.00	41.55	46.43	7.80	2.28	37.37	25.00
灵芝	最大值	0.56	2.70	2.50	0.04	75.30	7.00	5.86	31.70
	最小值	0.14	0.06	0.64	0.03	38.80	2.37	0.32	5.60
	平均值	0.30	0.95	1.32	0.04	53.50	4.92	3.40	22.20
	CV（%）	77.13	159.49	78.03	17.02	36.00	47.70	83.08	65.20
其他	最大值	5.86	0.95	23.49	0.26	208.70	43.90	16.08	92.40
	最小值	0.21	0.00	1.23	0.02	30.20	2.77	1.47	19.20
	平均值	1.30	0.27	5.81	0.09	78.80	13.87	6.61	47.90
	CV（%）	112.56	114.34	111.15	89.14	61.00	91.26	70.50	41.40
基质标准		≤30	≤5	≤100	≤3	≤300	—	—	—
有机肥标准		≤15	≤2	≤50	≤3	≤150	—	—	—

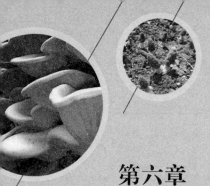

第六章　菌渣基质化利用技术

　　中国是设施园艺大国，但中国的设施农业无土栽培水平远远落后于欧美发达国家，基质栽培面积在温室面积中所占比例不足1%，与荷兰等发达国家基质栽培面积占温室面积的90%以上有着很大差距。随着我国种植业结构的调整和社会主义新农村的建设，花卉、蔬菜产业正由传统的个体形式向现代化、工厂化、规模化、市场化转变，基质栽培将会有很大的发展空间。由于材料来源受地区和成本的限制，且草炭为不可再生资源，限制着基质栽培的可持续发展，所以草炭匮乏地区蔬菜工厂化育苗发展遇到瓶颈。以菌渣、秸秆和畜禽粪便等农牧废弃物为主要原料生产的基质，具有成本低、来源广泛等特点，将其开发为草炭替代物，不仅可以促进农林废弃物资源的循环再利用，而且还能大幅度降低基质成本，具有重要的研究价值和现实意义。农牧废弃物的基质化利用将是未来的主要战略方向，其合理开发利用必定会带来巨大的社会效益和经济效益。

　　基质栽培是无土栽培的主要形式，基质除支持、固定植株外，还可以中转来自营养液的养分和水分，为植株提供稳定协调的水、气、肥。基质配方的关键在于原材料的选择、配比与前处理。如何开发一种性能稳定、养分丰富、来源广泛、价格低廉、无污染且便于规模化生产的基质产品至关重要。基质的材料主要有珍珠岩、陶粒、硅胶、沸石、泡沫塑料及合成树脂、草炭、椰子壳、树皮、锯末、炉渣、碳化稻壳等。20 世纪 90 年代以来，人们保护环境的意识越来越强，岩棉使用后难以处理，会对环境造成严重污染，而天然草炭资源有限，短期内不可再生，因此迫切需要开发草炭的替代品。基于环境保护和为市场提供质优价廉的本土化基质的考虑，利用有机固体废弃物生产多样化、无害化的基质，实现自然资源的可循环利用成为近年研究的热点。

菌渣养分高，具有表面密度小、韧性大、抗拉、抗弯、抗冲击能力强的特点，当前，我国对于菌渣等农牧废弃物基质化利用的研究还处于起步阶段，但是已经取得了很多可喜的进展。一些研究结果和生产实践表明，菌渣复合基质用于一些蔬菜、花卉栽培是可行的，但是要做到与优质草炭相媲美的栽培效果，还需要对基质与植物生长的各项指标间的相关性做进一步的研究分析。

菌渣原料参差不齐，导致菌渣基质化产品理化性状差异较大，质量不稳定，难以实现高品质产品的稳定产出。因此，提高菌渣基质化产品的一致性与稳定性是菌渣基质化利用亟待解决的关键问题。

菌渣的基质化利用属于农业废弃物资源化产业，该产业恰逢许多政策机遇，如秸秆综合化利用、研发绿色生产技术、研制绿色投入品、发展绿色产后增值技术、创新绿色低碳种养结构、绿色乡村综合发展等绿色政策。随着农业现代化的发展，我国每年需要的基质约7 000 万吨，有机基质的需求潜力巨大。因此，针对菌渣等农业废弃物转化开展资源高值产业化利用技术创新和产业化集成，在解决食用菌生产、菌渣利用与相关产业的循环互通方面具有巨大潜力。

第一节　菌渣基质化生产技术

一、基质理化性质

基质作为作物生长的介质，要能够为作物生长提供良好的根际环境，应具有支持、固定植株的功能。为满足以上功能，基质需要具备以下特性：良好的透气性和保水保肥能力，以及适宜的收缩和沉降性能。表征基质特性的指标主要有总孔隙度、容重、大小孔隙比（气水比）、粒径、电导率和阳离子交换量等。一般认为，栽培基质总孔隙度 $54\%\sim96\%$、容重 $0.1\sim0.8$ 克/厘米^3、大小孔隙比 0.5 左右、阳离子交换量 $0.1\sim1$ 毫摩尔当量/厘米^3 即可。菌渣经过无害化处理和腐熟后，可成为营养丰富、质地疏松、性质稳定的基质，但菌渣的 pH 偏大，电导率偏高，容重较小，全氮、全磷、全钾含量较高，容易造成烧苗现象，这一方面的劣势使其不适宜单独作为栽培基质使用。为优化基质性能，可添加其他材料进行级配，如椰糠、秸秆、畜禽粪便等有机物料或珍珠岩、蛭石等无机物料。

二、腐熟过程

菌渣和其他农牧有机废弃物通过一些物理、化学或生物处理后，可用于基质栽培，通常要先进行发酵处理。废弃物中的有机物主要是纤维素和木质素等，这些物质均可作为微生物的营养而被分解利用。可降解的有机固体废弃物在一定温度、湿度和 pH 条件下发生生物化学降解，形成类似腐殖土的物质，才能作为栽培基质。

菌渣作为基质利用与作为有机肥使用是有区别的，腐熟度和发酵技术不同，需要同时考虑作物栽培需求、减少发酵时间和保持物料养分等的不同，必须从理化特性、发酵工艺和指标体系 3 个方面寻求相应的解决对策。废弃物基质发酵技术如下：

①菌渣、牛粪和秸秆组合的发酵产物可以作为栽培或育苗基质的原料。调配后堆肥初始条件为物料碳氮比（$25\sim30$）：1、初期含水量 60%、pH$7\sim8$。

②选用适宜的发酵菌剂，菌剂的用量为物料干重的

0.2%～0.3%。

③发酵参数。发酵温度为 55℃以上，氧气含量需要高于 8%，低于 8%需要翻抛以补充氧气，2～3 天翻抛 1 次。

堆肥质量评价方法采用发芽试验法。经过试验验证，菌渣、牛粪、玉米秸秆、糠醛渣不同配比组成的发酵物料在发酵 27 天后均达到无害化的程度；根据温度和氧气含量判断，不同的配方需要 2～4 天翻抛 1 次。

三、后处理

菌渣经过生物转化处理，完成了有机物的降解和病原微生物的杀灭等过程，实现了无害化和减量化的目的。但如作为基质使用，还需在腐熟的基础上进一步调节其他理化性质，根据栽培作物的需求改善容重、孔隙度等指标。

可通过以下工序进行后处理：

1. 陈化　即二次发酵，本阶段促进物料有机物稳定化，过程中可以用铲车进行翻堆。陈化时间需严格控制，以保证发酵物透气性，保证产品孔隙度等指标。

2. 筛分处理　通过筛分获得满足粒度要求的发酵物，并保持物料均匀。

3. 混合搅拌　根据产品需求适当添加草炭、蛭石、珍珠岩等辅料。将菌渣发酵物以一定比例与辅料进行复配，得到各种基质产品配方，比如西瓜育苗基质、甜瓜育苗基质、黄瓜嫁接育苗基质、草莓栽培基质中菌渣发酵物的添加量为 15%～60%，企业产品结构中草炭的替代率可达到 50%以上。

4. 压制成型　采用热压成型、高压成型等方式将基质压制成钵盘、基质块等高密度基质，多用于育苗基质的制备。

5. 计量包装　满足商品基质指标的出厂，作为育苗基质或大棚栽培基质。

第二节　菌渣基质在不同作物栽培上的应用

一、番茄基质栽培效果

番茄是重要的茄果类蔬菜之一，是我国种植面积较大的蔬菜品种，种植面积近 2 000 万亩*。近年来，无土栽培越来越受到广大番茄种植者的欢迎。无土栽培可以减少化肥、农药投入；增强作物生理生化作用，提高作物维生素 C、可溶性糖含量和口感；减轻不适宜的温度、水分条件对作物的胁迫，具有土壤栽培不可比拟的优越性。但常规用于无土栽培的草炭成本较高，寻找可以替代草炭且物美价廉、性能优越的原料是产业发展的重要课题。

食用菌菌渣来源广泛，具备营养丰富、容重小、质地柔软、孔隙度高、持水性好等优良性状，是制备有机基质的良好材料。将菌渣通过处理并复配后，完全可用作无土栽培的基质。焦娟发现适宜的菌渣基质配比可增加番茄单果重和产量，以菌渣：稻壳：牛粪：沙子＝4：2：1：1 的配方效果最好。笔者通过将菌渣和牛粪、稻壳进行有机复配，制备出完全利用废弃物的有机基质，考察不同配方对番茄产量、品质的影响，优化得到性能优良的基质配方，为番茄的有机生态无土栽培技术提供参考。

番茄供试品种为圣罗兰 3689。基质原料有 3 种，分别为平菇菌渣、稻壳、牛粪。生物基质的制备，以表 6 - 1 中各成分的体积比进行充分混合，并分别建堆发酵。发酵过程中每 2～3 天翻堆 1 次，发酵时间 45 天。

---

*　亩为非法定计量单位，1 亩≈1/15 公顷。——编者注

表 6 - 1　生物基质配方中各成分的体积比

处理	平菇菌渣	牛粪	稻壳
P1	6	2	2
P2	5	2	3
P3	4	3	3
P4	3	3	4

注：表中数据为不同生物基质配方中各种原料所占体积比。

1. 不同原料配比对番茄生长过程的影响　由图 6 - 1 可以看出，随着生长时间的推进，番茄株高和茎粗逐渐增加，但是不同处理间的增长率不同。株高在定植 120 天后基本不再增加，P3 最高（193.3 厘米），CK 最低（173.2 厘米），各处理间差别不大。由图 6 - 2 可以看出，茎粗增加的趋势和株高有所区别，除 CK 在定植 90 天后基本停滞外，其他处理的增加一直维持到采收期，P3 茎粗明显高于其他处理，P4 茎粗最小。从生长期的表现来看，P3 配方的基质对番茄的营养生长有较好的促进作用，CK 的株高和茎粗在后期增加缓慢，其他各配方生长指标类似。

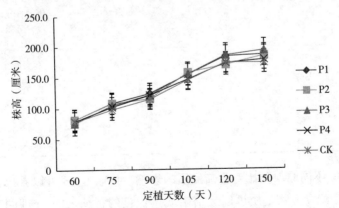

图 6 - 1　不同基质配方对番茄株高的影响

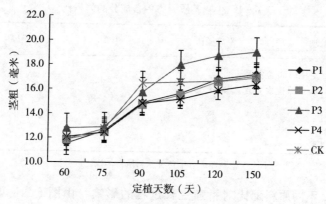

图 6-2　不同基质配方对番茄茎粗的影响

2. 不同原料配比对番茄产量的影响　从表 6-2 可以看出，利用菌渣、牛粪等制备的全废弃物基质可以达到商品基质相似的产量。废弃物的配比对产量的影响显著，其中 P4 处理的番茄产量最高，超过 CK 2.0%，P3 大果质量百分比最高。

表 6-2　不同处理的番茄产量及果实质量分布

处理	产量（千克）	大果（>150 克）质量百分比（%）	中果（100～150 克）质量百分比（%）	小果（<100 克）质量百分比（%）
P1	456	25.2	37.5	37.3
P2	567	36.8	44.1	19.1
P3	582	41.2	36.7	22.1
P4	609	39.8	41.8	18.4
CK	597	37.2	34.1	28.7

3. 不同原料配比对番茄品质的影响　由表 6-3 可以看出，合适配比的废弃物基质可以栽培出质量优良的番茄，P4 处理的番茄维生素 C 含量最高，比 CK 增加 6.3%，硝酸盐含量最低，且糖酸

比和对照类似，口感优越。其余处理果品品质不一。

表 6 - 3 番茄品质指标

处理	每100克鲜番茄的维生素C含量（毫克）	硝酸盐（毫克/千克）	总糖（%）	有机酸（%）	糖酸比
P1	32.9	138.40	2.75	0.378	7.28
P2	32.6	190.48	3.95	0.422	9.36
P3	34.8	157.41	3.27	0.403	8.11
P4	38.6	119.73	3.71	0.405	9.16
CK	36.3	135.80	4.09	0.445	9.19

4. 试验前后基质指标的变化 表 6 - 4 反映了各处理的基质栽培前后各项指标的变化情况。从营养指标来看，各处理的碱解氮含量、电导率均有升高，有机质含量降低，特别是电导率明显升高，这是由于栽培过程中采用水溶肥进行滴灌，经过一季的栽培，部分肥料成分留存在基质中。试验过程中追肥时采用高钾复合肥（15 - 25 - 35）冲施，但各处理的基质中钾元素含量有所下降，这是由于番茄生长后期对钾吸收量增大，肥料氮、磷、钾含量与蔬菜吸收规律不匹配，造成基质钾元素损失。一方面是由于牛粪、菌渣的降解，导致生物基质粒径减小及微观形态的变化，从而降低了持水孔隙度，另一方面由于灌溉和栽培造成基质被压实。总体而言，生物基质的物理特性与对照类似，栽培前后性质稳定，且具备营养丰富、有机质高的特点，是栽培基质的优良替代产品。

5. 番茄生物基质特性指标 利用菌渣、牛粪和稻壳经合适配比进行发酵后制备生物基质栽培番茄，可完全替代以草炭为主的商品基质，大部分性能可以达到《蔬菜育苗基质》（NY/T 2118—2012）的要求，作为栽培基质电导率指标可以适当放宽（表 6 - 5）。

农业废弃物生产食用菌及菌渣综合利用技术

表 6 - 4　试验前后各处理基质性质变化

项目	P1		P2		P3		P4		CK	
	前	后	前	后	前	后	前	后	前	后
pH	7.33	6.64	7.54	6.48	7.49	6.73	7.07	6.86	8.29	6.80
电导率（毫西门子/厘米）	1.11	3.95	1.15	3.56	1.68	3.50	1.16	2.91	1.33	3.24
有机质（%）	44.26	25.12	47.98	30.26	46.05	33.05	49.94	28.80	43.22	23.45
碱解氮（%）	0.65	0.91	0.58	0.74	0.65	0.76	0.66	1.13	0.59	0.60
有效磷（%）	0.97	1.25	2.03	1.49	0.93	1.44	1.04	1.11	0.96	2.07
速效钾（%）	1.76	1.22	1.75	1.41	1.77	1.43	1.65	1.16	1.66	1.25
容重（克/米^3）	0.49	0.51	0.55	0.53	0.66	0.39	0.61	0.55	0.62	0.57
持水孔隙度（%）	49.80	41.50	42.10	32.60	47.60	41.80	52.30	43.90	44.50	43.00

表 6 - 5　试验前后各处理基质性质对比情况

项目	生物基质指标	《蔬菜育苗基质》(NY/T 2118—2012)
pH	7.49	5.5～7.5
电导率（毫西门子/厘米）	1.68	0.1～0.2
有机质（%）	46.05	≥35
容重（克/米^3）	0.46	0.2～0.6
持水孔隙度（%）	47.60	>45

　　以生物基质栽培的番茄产量和品质指标优异。菌渣、牛粪、稻壳的配比为 4∶3∶3 或 3∶3∶4 均可获得较好的效果。利用农牧废弃物制备的生物基质具有丰富的养分和有机质，番茄栽培后期对钾元素需求量较大，废弃物基质中较高的钾含量对作物生长起到了辅

助作用，有利于提高番茄产量和品质。

经过一季栽培之后，生物基质的电导率增加明显，已高于作物栽培的适宜范围，重复使用时需进行降盐处理，可采取洗盐或添加新料等措施。

二、草莓栽培基质

草莓又名洋莓、地果、红莓等，为蔷薇科草莓属多年生草本植物。在园艺学上属于浆果类植物。草莓果肉多汁、酸甜适口、营养丰富、香味浓郁，有"水果之王"的美誉。草莓一直保持产销量连年上涨的势头，但连年种植导致病害严重，造成减产甚至绝产。基质栽培是解决草莓土传病害的有效手段，且能提高草莓产量和品质，近年来应用越来越普遍，在基质配方方面也进行了很多研究。目前基质栽培主要是以草炭土为主要原料，另外添加部分珍珠岩和蛭石。以菌渣代替草炭土作为草莓的栽培基质，既能充分利用农业废弃物，减少农业面源污染，又能充分利用农业资源，实现农业可持续发展。

山东鱼台是中国毛木耳之乡，是毛木耳栽培面积最大的县，年产鲜耳 47.9 万余吨，产值达 10.2 亿元，有 7~13 万吨毛木耳菌渣需要处理。毛木耳种植周期长，原料降解充分，用于基质栽培安全性高。笔者根据草莓的生长条件，利用毛木耳菌渣制作栽培基质用于栽培草莓，为毛木耳菌渣在草莓无土栽培方面的利用提供了理论和技术支持。

1. 毛木耳菌渣的发酵处理　毛木耳菌渣粉碎过孔径 5 毫米的网筛，加水至含水量达到 50% 左右（要求手捏出水，但不形成水滴流下为宜），拌匀、建堆，堆高 1.5 米，堆顶每隔 0.5 米打直径 3 厘米的孔，孔深达到堆底。上面铺上草苫并用水打湿。堆体表面垂直插入温度计，插入深度 25 厘米，每天记录料温，当料温达到 60℃后翻堆并补水，将底部料翻上来，上部料翻到底部，要求翻匀。当料温再次升到 60℃ 之后再次翻堆，翻堆方法同前。这样连续翻堆 8 次，料温不再升高，和环境温度差小于 5℃，然后每周翻一遍料。整个过程需要 1 个月。

2. 草莓栽培方式 采用层架式立体栽培，层架呈"人"字形，顶端一个栽培槽，两边 4 个栽培槽。栽培槽规格（上口×高×底）30 厘米×25 厘米×20 厘米，槽长 11 米，每槽基质 200 升。采用滴灌带供水和营养液，每个孔对准一株草莓植株，每天 8：30 供水 1 次，每次 15 分钟，流量为 2～3 升/小时。阴雨天供水相应减少。采用单行栽培，株距 20 厘米。采用日本山崎草莓专用配方营养液。每次处理 20 株，重复 3 次，管理同常规生产。

3. 测定项目和方法 按照《蔬菜育苗基质》（NY/T 2118—2012）所述方法检查基质孔隙度。

毛木耳菌渣的总孔隙度和通气孔隙度均高于草莓商品栽培基质和草炭土基质，通过毛木耳菌渣和草炭土复配，可以得到与草莓商品栽培基质各种孔隙度近似的、适合草莓生长的栽培基质（表 6-6）。鉴于济南冬季有很多连阴天，需要基质中的水分尽快排出去，否则低温和多水容易使草莓沤根，因此需要将复配基质的持水孔隙度减小。

表 6-6 不同基质孔隙度指标

基质	总孔隙度（%）	通气孔隙度（%）	持水孔隙度（%）	pH	电导率（毫西门子/厘米）
毛木耳菌渣	76.65	4.75	71.90	8.87	0.283
草莓商品栽培基质	75.44	3.51	71.93	6.64	0.199
草炭土	74.71	1.53	73.18	6.31	0.437

草莓栽培在育苗期和定植后期适宜的电导率是 0.3～0.5 毫西门子/厘米，适宜的 pH 是 5.8～6.5，临界值是 7。

基质配方如表 6-7 所示。

表 6 - 7 基质配方

处理	毛木耳菌渣（米³）	草炭土（米³）	硫酸亚铁（千克）
1	4.0	1.0	10.00
2	3.0	2.0	7.50
3	2.5	2.5	6.25
4	2.0	3.0	5.00

4. 栽培效果

不同处理之间的草莓维生素 C 含量、硝酸盐含量、可溶性总糖含量存在差异。根据图 6 - 3 可知，处理 2 品质最好，其维生素 C 含量、可溶性总糖含量均高于其他处理，而硝酸盐含量低于其他处理。处理 1 和处理 3 次之，他们之间差异很小，处理 4 最差。

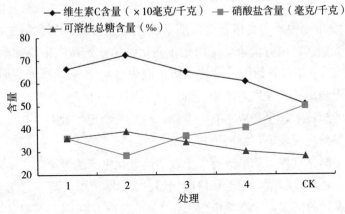

图 6 - 3　不同处理草莓维生素 C 含量、硝酸盐含量、可溶性糖含量

处理 2 产量最高，达到了 1 032.5 克/株，处理 1、处理 3 和处理 4 分别是 999.2 克/株、996.0 克/株和 945.3 克/株，均明显高于对照的 872.3 克/株。这个结果和草莓生长期的植株生长表现是一致的。

通过比较各处理基质对草莓植株的生长、产量和品质的影响，可以看出草莓栽培基质中加入菌渣以后，能够促进草莓植株的生长，株高、茎粗、叶面积、叶柄粗、叶绿素含量这些指标都有了提高，这更有利于草莓积累养分，为草莓从营养生长转变到生殖生长打下了良好的基础。

试验结果表明，将毛木耳菌渣进行良好发酵后，与草炭土按照3∶2的比例混合（体积比），草莓植株生长状况最好、产量最高、品质最好，用毛木耳菌渣代替部分草炭土，具有很好的社会效益和经济效益，值得推广。

第三节 菌渣基质简化无土栽培技术体系

一、无土栽培技术发展历程

19世纪中叶，克诺普等发明了无土栽培技术。早在第二次世界大战期间，西方国家就应用无土栽培技术生产蔬菜供应部队了。20世纪30年代开始把这种技术应用到农业生产上。20世纪60年代无土栽培技术在发达国家得到广泛应用。20世纪70年代出现了营养液膜技术，生产成本有所下降，后来又出现多种人工基质，其中岩棉的应用较广，发展迅速。

美国是世界上最早进行无土栽培商业化生产的国家，主要栽培黄瓜、番茄等蔬菜，无土栽培面积超过2 000公顷。荷兰是无土栽培最发达的国家，无土栽培面积达4 000公顷，有64%的温室都采用无土栽培技术。日本也是无土栽培较发达的国家，无土栽培面积约300公顷。欧盟国家已有80%的温室蔬菜、水果和花卉生产采用无土栽培方式。

我国开展无土栽培研究工作的时间比较晚，20世纪70年代末，山东农业大学最先开始无土栽培生产试验，并取得了成功，20世纪80年代中期，从国外引进的温室及无土栽培设施相继投产。

1985 年我国无土栽培面积只有 7 公顷，1990 年增长到 15 公顷，1995 年我国无土栽培面积发展到 50 公顷，2000 年我国无土栽培面积达 100 公顷左右，2005 年我国无土栽培总面积约为 315 公顷，估计 2023 年达到 16 000 公顷。

目前，无土栽培生产主要集中在各类示范园中，尚未进入广大农民生产应用阶段。

二、无土栽培的优点

无土栽培是一种不用天然土壤而采用含有植物生长发育必需元素的营养液来提供营养，使植物正常完成整个生命周期的栽培技术。无土栽培是一项革命性的现代农业新技术，它改变了传统农业耕作方式，可以针对作物需求创造适宜的生长环境，摆脱了土、肥、光、水等条件的制约。无土栽培具有产量高，省水、省肥、省工等优点，且能避免土壤栽培导致的连作障碍和土壤污染，生产出安全优质的农产品。

三、番茄废弃物基质轻简化无土栽培技术

番茄、黄瓜等设施栽培面积较大的蔬菜，利用良种、良法可实现高产高质基质生产。通过废弃物基质的制备技术、营养液水肥管理措施，满足蔬菜栽培的营养需求，并集成 LED 补光技术、熊蜂授粉技术等，形成设施蔬菜废弃物基质无土栽培技术体系。

1. 有机基质的腐熟　栽培基质采用稻壳、牛粪、食用菌渣、木屑和作物秸秆等农牧有机废弃物，按一定比例掺混和腐熟。农牧有机废弃物的选择遵循数量多、价格低、容易得到的原则，尽量选择多种农牧有机废弃物，易腐烂与不易腐烂原料结合。有机基质相比岩棉等无机基质的优点：提供有机质，提升蔬菜的品质和口感；栽培过程中缓慢释放的 CO_2 可起到补充气肥的作用。

控制物料的碳氮比为（30~40）：1。可在田间地头选取空地，

将菌渣（或秸秆）和牛粪分层堆起，边堆边洒水和尿素，使之湿润，以用手紧握物料，指缝间有水被挤出为度。秸秆堆的底宽2米，高1.0～2.0米，长度不限。2～3天后，堆内温度可达70℃以上。15天左右进行翻堆，将边沿部位的秸秆翻入堆中间，使物料进一步混匀，若干燥可适量补充水分。翻堆后再堆腐15天左右。将腐熟的菌渣、牛粪和稻壳掺混发酵。

2. 栽培槽　采用地挖沟槽铺塑料膜的方式。

地挖单行栽培槽：行距60～80厘米，单行挖栽培槽，栽培槽纵截面的形状为三角形，上口宽20厘米，深度25厘米，沟底要平，避免局部积水。在栽培槽内，铺0.01毫米厚的塑料膜。

地挖双行栽培槽：栽培槽纵截面的形状为梯形，上口宽40厘米，底宽25厘米，深度20厘米，沟底要平，避免局部积水。

塑料膜可以用旧棚膜以节省成本。

3. 基质的填铺　添加有机基质稍高出栽培槽口，尽量压实。掉在地上的基质就不能要了，以免带入病菌。栽培槽的南边要留一点空隙，将塑料膜折起，当栽培槽内积水过多时，可以放水。

4. 蔬菜苗的移栽　蔬菜苗移栽前，安装好滴灌设施，每一行蔬菜苗安一条滴灌管。蔬菜苗移栽前，尽量将基质用水浸润湿。将蔬菜苗栽到滴头的下面。

5. 营养液管理　番茄不同季节形成1吨产量吸收氮、磷、钾、钙和镁的量分别为：秋冬季2.5、1.0、5.4、2.3和0.5千克；冬春季2.6、0.9、3.3、2.2和0.4千克。番茄不同季节形成1吨产量吸收铁、锌、锰、硼和铜的量分别为：秋冬季18.9、12.3、7.7、4.2和3.3克；冬春季19.9、4.1、4.9、2.7和1.7克。钙、镁吸收秋冬季集中在开花期，冬春季在采摘期，氮、磷、钾吸收主要集中在采摘期。番茄对微量元素的需求量前三位为铁、锌、锰，铁、锌、锰吸收主要集中在采摘期，硼和铜吸收主要集中在开花期。因此，根据基质肥力状况和番茄生长需要制定不同的施肥策略，可以使作物养分收支平衡，实现作物目标产量。

无土栽培基质保水能力有限，因此无土栽培浇水采取小水勤浇的方式。采用营养液肥料分组分别通过滴灌系统加入基质的方法，硝酸铵与硝酸钙、硝酸钾为一组，磷酸二氢钾、硫酸镁与微量元素一组分别加入滴灌系统。这样减少了传统营养液配制的工作量和营养液池的成本投入。钙肥在产品器官形成期施入，废弃物基质选用氯化钙浓度为 0.3%～0.5% 的叶面肥，每隔 7 天喷 1 次，喷花序上下的 2～3 片叶。定植后至第一穗果坐稳前施少量高氮型滴灌专用肥，当第一穗果直径达 1.5 厘米时开始加大水肥使用量，要使用高钾型滴灌专用肥。温度低时 10 天左右浇 1 次营养液，天气晴、温度高时要缩短施肥周期，生长结果旺季 2 天浇 1 次营养液。

定植初期，滴灌清水或浓度为 1 克/升左右的营养液，应少量多次，一次滴灌 2～3 分钟。苗期全开花结果期，滴灌营养液浓度为 1.5 克/升左右。这期间注意栽培槽的积水情况，发现积水过深要及时排出。检查滴灌是否均匀。开花结果后，番茄进入生长旺盛期，一般每天的灌水量掌握在 1 米³ 左右，营养液浓度为 1.5 克/升。根据苗情和天气，灵活掌握灌水量，可通过观察栽培槽内的营养液积存情况而定。盛果期，每天滴灌水肥量为 1～1.5 米³，浓度为 1.5 克/升。

6. 补光措施 番茄喜光，光饱和点为 7 万勒克斯，适宜光照度为 3 万～5 万勒克斯。生产上应用厚 0.10～0.12 毫米聚氯乙烯长寿无滴膜，其透光保温性能较好。同时，每周对薄膜表面进行清理，以保持良好的透光性能。人工补光，光源应选择日光灯（40瓦）、高压汞灯、弧氙气灯 3 种灯光结合使用，离苗 45 厘米处照射，光照度为 3 000～3 500 勒克斯，100 瓦的高压汞灯放在离苗 80

厘米处，光照度为 800～1 000 勒克斯。补光应在日出后进行，一般掌握在每天 2～3 小时，棚内自然光照增强后停止补光，雨雪大雾天气可全天补光。

7. 生物防治措施 番茄缓苗后，可以用丽蚜小蜂防治白粉虱、烟粉虱，用食蚜瘿蚊防治蚜虫。每次每亩放置 10 个丽蚜小蜂牌，一个栽培季一般放 3～5 次。日光温室秋冬茬栽培番茄，日光温室外白粉虱较多，在释放丽蚜小蜂前，应先进行化学防治；冬春茬番茄，一般释放丽蚜小蜂 3 次防治白粉虱效果很好。

8. 熊蜂授粉 蜂箱置于温室中部，距地面 50～60 厘米。蜂巢面向东南，有利于阳光照射。每亩温室放 1 箱熊蜂（80～100 头），保证每 10 米^2 的熊蜂数量为 1～2 只，即可满足授粉要求。蜂群在放入温室后 1～2 天即可适应棚内环境，开始访花授粉。温室的通风口要用纱网封住，防止熊蜂飞出温室，同时也防止棚外的害虫进入棚内。

利用熊蜂授粉可以大量节省人工，增加番茄的产量，且熊蜂授粉的番茄汁多，口感好。一般在番茄第一穗花开放 5%～10%时，即可进行熊蜂授粉。1 箱熊蜂可为 1～2 亩番茄授粉。尽量使用生物防治方法和农业防治方法，禁止使用烟剂熏棚。注意放入熊蜂前和以后均不可使用内吸性剧毒农药，否则会造成熊蜂的死亡。熊蜂授粉期间，若要使用杀菌剂，应将熊蜂移出 1 天。

9. 无土栽培配套栽培技术体系应用效果 节肥省水，无土栽培较普通土栽减少肥料投资 20%以上，节省农药 70%以上，节水 150 米^3/亩；番茄的品质较普通土栽提高显著，糖酸比提高了 35.7%，风味口感明显比土栽的好；产量和售价较土栽均有提高；总体经济效益增加 10%～20%。

10. 适宜轻简化无土栽培技术的蔬果种类 轻简化无土栽培技术可应用于番茄、黄瓜、草莓、西瓜、茄子、辣椒等作物的栽培，栽培效果很好。

四、黄瓜基质袋栽水肥耦合技术

1. 基质配制 将2～3种废弃物原料混合使用，可降低基质的容重，增加孔隙度，增加水分和空气的含量，从而有利于作物的生长。根据原材料的理化性状和各地区的实际情况，按比例混合成具有不同理化性状的栽培基质。装料前5天将发酵好的料按比例充分混匀，配料的同时，每1米²基质中加入敌百虫原液20克、50％多菌灵可湿性粉剂20克，各种料和肥充分混匀后用棚膜覆盖杀菌灭虫。

2. 水肥管理 定植1叶1心的壮苗，定植前3～4天将基质浇足营养液，定植时再给秧苗浇适量营养液，带肥移栽。定植深度以达子叶节为宜，定植后两周内应大量灌水，以利根系生长。黄瓜水分要求高但又不耐渍，浇水应根据生长情况、气候情况、所采用基质的特性等综合考虑，再根据以前的经验来确定浇水量，肥料供应见表6-8。

3. 其他栽培要点 每周整枝2～3次（除去老叶和侧枝、疏果）是获取高品质果实的一个关键措施。及时摘除主茎上的侧枝、卷须，可减少养分的损耗。及早摘除不需要的果实也很重要，如不疏果，会引起果实畸形、弯曲、粗短或色泽差，进而影响商品性。及时摘除下部变色衰老叶片有利于通风透光、方便采果，还可减少植保费用，同时可促进新枝叶的生长，特别是在夏季强光照来临之前，摘除老叶可增加植株顶部的叶面积，对增强植株越夏抗高温能力非常重要。一般除去老叶和侧枝于上午进行。绑蔓每周3次，宜在下午进行。

病虫害防治以农业防治、物理防治等综合防治技术为主，以化学防治为辅。选用抗病品种，培育无病虫苗木；定植前高温闷棚，彻底消灭棚内病虫，放风口设置防虫网，室内挂黄色板诱杀烟粉虱

表6-8 水肥一体化施肥方案（目标产量5 000千克/亩）

黄瓜生育期	施肥时期	施肥次数	氮、磷、钾肥施用比例	肥料类型及用量（千克/亩）					每次每亩施肥量折纯（千克）				备注
				复合肥/水溶性复合肥	尿素硝酸铵溶液（32%）	磷酸二氢钾	硝酸钾	硝酸钙	氮	磷	钾	钙	
移栽前	底肥	1	15∶15∶15	20					3	3	3		
抽蔓期	7月底至8月初	10	1∶0.5∶1.0		0.6	0.2	0.5	1.0	0.3	0.1	0.3	0.5	定植一周后开始施肥，2天1次，硝酸钙每10天施用1次
初果期	8月上旬	4	1∶0.7∶1.5		0.7	0.5	1.2	2.0	0.5	0.3	0.7	1.0	2天1次，硝酸钙只施用1次
盛果期	8月中旬至9月下旬	21	1∶0.7∶1.1		0.8	0.4	0.7	1.0	0.5	0.3	0.5	0.5	2天1次，硝酸钙每10天施用1次
尾果期	10月初	4	1∶0.5∶1.0		1.1	0.3	0.8		0.5	0.2	0.5		2天1次

和蚜虫，辅以虫螨腈、氟啶脲、毒死蜱、氟虫腈等无公害农药防治。

雌花闭花后 10～15 天，果皮由淡绿色转为深绿色、单瓜重 200 克左右时即可采收。高温时每天采收 1 次，低温时隔天采收。采收时果柄保留 2～3 厘米，采收后及时进行分级分装，避免机械损伤和阳光直接暴晒。

五、无土栽培与土壤栽培的投资情况对比

1. 无土栽培投资情况　主要有栽培基质、滴灌设备投入和挖栽培沟及填铺基质的人工投入。

栽培基质：一般 25 米^3/亩，价格约 340 元（商品基质）/米^3，340 元/米^3×25 米^3/亩＝8 500 元/亩，可用 3 年。如自行堆制基质，成本可大幅降低。

滴灌设备：约需 1 500 元/亩。

挖栽培沟及填铺基质的每亩人工成本为 1 200 元，栽培沟可以长久使用。

首次投资大约 11 200 元/亩。

2. 普通土壤栽培的投资情况

基肥：有机肥和化肥投资 1 500～2 000 元/亩。

土壤消毒：一般 1 200 元/亩。

人工：施肥、土壤消毒、耕地、整地等约需 12 个工人，成本 960 元/亩。

投资合计：3 660～4 160 元/亩。

3. 总体分析　无土栽培的一次性投资基本上与普通土壤栽培 3 年的投资相当，农民感觉一次性投资大，是限制无土栽培技术推广的瓶颈之一。应用轻简化无土栽培技术，可大幅度降低无土栽培的成本，提高农民效益。

六、生物基质无土栽培技术展望

"种植业工厂化"是农业现代化的必经之路，基质化则是"种植业工厂化"的核心。据估计，我国每年需要基质约7 000万吨，且需求量逐年增加。农业废弃物具有生产性能稳定、养分丰富、来源广泛、价格低廉等诸多优点，而且无污染，适宜开展规模化生产。利用农业废弃物来生产栽培基质产品，是目前我国生态农业提高效率，实现农业生产环境友好以及资源循环利用的迫切需要。

我国是蔬菜生产大国，但我国日光温室蔬菜生产存在化肥和农药过量使用的现象，蔬菜的品质和安全性有待提高。基于菌渣等农业废弃物基质化利用的无土栽培技术具有诸多优势，可有效避免土传病害的发生、促进作物生长、减少化肥施用，提高作物品质和口感。随着人们生活水平的提高，有一部分消费者逐渐能够接受优质优价的农产品，济南无土栽培番茄、黄瓜等蔬菜，采摘价20元/千克，草莓140元/千克，仍旧供不应求。因此，发展优质蔬菜是有市场前景的。

第四节　菌渣育苗基质应用技术

育苗基质是蔬菜秧苗生长过程中利用根系吸收营养的媒介，其特性会影响植物根系对水分、养分的吸收及根系的生长，是穴盘育苗的基础和关键。我国现有基质材料主要有草炭、岩棉、蛭石、珍珠岩、蔗渣、菌渣、沙砾和陶粒等，其中岩棉和草炭是全球应用较为广泛的2种基质材料，同时也是世界上公认的比较理想的基质材料。但是岩棉不可降解和草炭不可再生，导致了环境污染、资源耗竭等问题。寻找和发掘性能优良、价格低廉的新型基质成为当前行业面对的主要问题。"就地取材、因地制宜研究与发展"已成为行业共识，如何就地取材，在育苗基质中混配价格低廉的材料以减少草炭的使用量或完全替代草炭，已成为研究的重要任务。20世纪90年代初，加拿大用锯末、以色列用牛粪和葡萄渣、英国用椰子壳纤维等替代草炭和岩棉均获得了良好效果。我国近二十年在基质育苗方面也取得了大量成果，木糖渣、椰糠、菌渣等废弃物作为可再生资源在替代草炭上的应用成效显著。

一、黄瓜低成本穴盘育苗基质配方筛选

我国黄瓜设施基质栽培主要采用混合基质，在商品化育苗过程中，基质成本是必须考虑的因素，提高育苗基质中菌渣对草炭的替代率可显著降低基质成本。有研究表明，使用腐熟菌渣：蛭石：珍珠岩＝1：1：1、腐熟菌渣：蛭石：珍珠岩＝2：1：2、腐熟菌渣：草炭：蛭石＝5：3：2的复配基质，黄瓜出苗快、出苗率高，菌渣可替代草炭用于大面积育苗。菌渣：草炭：蛭石：田园土＝3：3：2：2的复配基质用于黄瓜幼苗1叶1心至4叶1心时期，黄瓜幼苗各项生理指标均比用商品基质好，因此可以作为设施黄瓜育苗的理想基质。但菌渣含量过高导致基质电导率偏大，抑制幼苗后期生长，因此菌渣含量应控制在合理的范围之内。

二、茄果类蔬菜工厂化育苗基质

用发酵的堆肥（10％～30％）、菌渣（30％～60％）、稻壳或秸秆（0％～20％）、少量蛭石进行混配，作为基质代替土壤进行育苗。堆肥可由畜禽粪便、作物秸秆、菌渣等种养废弃物为原料发酵制成，发酵时间需严格控制，以保持发酵物透气性，保证堆肥孔隙度等指标，并保持30天以上的陈化过程。发酵后进行筛分处理，获得满足粒度要求的发酵物。茄果类蔬菜育苗基质的理化指标应符合表6-9的要求。

表 6 - 9 茄果类蔬菜育苗基质理化指标

项目	指标
总养分（氮＋磷＋钾）含量（以烘干基计）（%）	≤4.0
水解性氮含量（毫克/千克）	50～2 000
有效磷含量（毫克/千克）	40～1 500
速效钾含量（毫克/千克）	200～5 000
有机质含量（以烘干基计）（%）	≥25
pH	5.5～7.5
水分含量*（%）	≤50
有效活菌数（CFU/克）	≥0.1
电导率（毫西门子/厘米）	≤1.5
容重（克/厘米³）	0.2～0.5
总孔隙度（鲜样）（%）	≥50

注：＊水分以生产企业出厂检验数据为准。

三、菌渣应用在育苗基质中的技术瓶颈

从总体上看，菌渣是一种良好的园艺基质原料，能够部分甚至完全替代草炭。菌渣经过合适的配比和处理，制备的育苗基质用于一些蔬菜、花卉是可行的，但菌渣由于栽培料、菇种的不同，性质差异较大，基质配方存在经验性甚至盲目性，配方的普适性较低。菌渣具有电导率高、持水性差、腐熟不足、沉降速度不一致等特点，要做到与进口优质草炭相媲美的栽培效果，还需要继续改进基质的特性指标，并对基质与植物生长的各项指标间的相关性做进一步的研究分析。尤其是菌渣原料参差不齐，导致菌渣基质化产品理化性状差异较大，质量不稳定，难以实现高品质产品的稳定产出，无法打消工厂化育苗企业的顾虑。

第七章 菌渣肥料化技术

第一节 菌渣有机肥制备技术

好氧堆肥是一种快速实现有机物料减量化、无害化、资源化的有效手段。好氧堆肥一般分为升温、高温、降温和腐熟四个阶段。畜禽粪便在好氧微生物的作用下，配合通风、翻堆等操作，经过一定时间的生物降解和高温腐熟，形成性质稳定、营养丰富的堆肥。

制备符合要求的堆肥需要在病原微生物、腐熟度、养分、重金属、抗生素等指标达到相应的要求。发酵过程保持60℃以上的高温，一段时间后，可杀灭大部分病原菌，极少数需要达到70℃，并维持1～2小时。目前尚未有一套比较完善的指标体系来精确判定堆肥的腐熟度。一般通过物料温度、氧化还原电位、碳氮比、种子发芽势、根系建成指标等理化和生物指标共同判断，其中温度可作为较为直观的堆肥腐熟指标。

菌渣经堆肥化处理后，粉碎过筛，加辅料复配，再混合造粒，即加工成商品有机肥。主要设备有粉碎机、混合机、翻抛机、配料秤、造粒机、烘干机、冷却机、筛分机、传送带、包装机。完成整个过程需要1个月左右的时间。其中，核心技术是发酵。采用条垛式、圆堆式、机械强化槽式和密闭仓式堆肥等技术进行好氧堆肥处理。一般在资金不太充足但场地不受限制的地方，可以采用静态曝气和条形堆工艺，成本低且技术要求相对较低。

用菌渣生产有机肥的具体操作过程如下：

1. 原料预处理　将菌渣脱袋，粉碎至 1 厘米左右，然后将粉碎好的菌渣、秸秆和畜禽粪便、沼渣、糠醛渣、酒糟等物料混合，调节原料的碳氮比为（25～30）∶1、含水量为 50%～60%，可加入发酵菌剂提高发酵速度。各种物料混合后送到搅拌机中充分搅拌均匀，用皮带输送机输出，再由小型装载机分配到各个发酵槽中。

2. 一次发酵　该过程的目的是减少发酵物料中挥发性物质，减少臭气，杀灭寄生虫卵和病原菌，分解有机物，释放发酵物料中的养分，以达到无害化和资源化的目的。

一次发酵是整个流程中的关键所在，其成功与否直接决定产品的质量优劣，因此，需要在该过程中实时监测物料的温度、含水量、通气量等指标，以便有效控制发酵进程和产品质量。一级发酵即高温阶段，保证料堆内温度为 50～60℃，当温度超过 65℃时进行翻堆。此过程发酵温度在 50℃以上保持 7～10 天或 45℃以上不少于 15 天。一级发酵过程含水量宜控制在 50%～60%，发酵周期为 35～40 天。

工厂化生产时，该过程在发酵槽中进行，在发酵槽底部安装曝气管，由鼓风机通过曝气管强制通风供给氧气。由翻抛机定时翻抛。

3. 陈化（二次发酵）　经过一次发酵后的有机物料尚未达到完全腐熟，需要进行二次发酵。二次发酵的目的是使大分子有机物被进一步分解、稳定、干燥，以满足后续制肥的要求。

用小型装载机将一次发酵的物料转移至陈化系统，然后进行堆垛、翻堆等操作，15～25 天后，堆肥的温度逐渐下降、稳定，堆肥腐熟并腐殖质化。当堆温不再上升，料呈黑褐色、无异味时发酵结束。

4. 粉碎、制肥、筛分、包装　陈化后的物料经粉碎、筛分后，将合格与不合格的产品分离，前者进入制肥阶段，后者作为返料回收至一次发酵阶段循环利用。

合格的物料经皮带输送机输送到搅拌机中，经过配料、混合、造粒、烘干、冷却、筛分、检验、包装，制成符合《有机肥料》（NY 525—2021）、《有机无机复混肥料》（GB/T 18877—2010）或《微生物肥料生物安全通用技术标准》（NY 1109—2017）的合格产品。若不需要造粒，混合后即可包装，得到粉状有机肥或有机-无机复混肥料。

第二节 菌渣有机肥应用技术及效果

菌渣的结构疏松多孔，含有植物生长所必需的氮、磷、钾等大量元素以及可直接吸收利用的有机质和微量元素，并且其菌丝体所分泌的相关酶可以促进作物对养分的吸收。研究表明菌渣还田可以提高作物产量，改善作物品质，增加土壤有机质，改善土壤理化性质。将菌渣用于大葱和小麦种植中，可显著增加大葱和小麦产量，显著提高大葱的品质。将菌渣用于生菜种植上，可提高生菜产量，降低生菜中硝酸盐、亚硝酸盐含量，提高维生素 C 含量，改善生菜品质。将菌渣用于菜地中，可显著提高土壤有机质、氮、磷、钾含量，有利于土壤质量的改善。将菌渣用于滨海盐碱土改良，可提高土壤有机质含量，促进土壤酸性物质的增加，从而降低土壤 pH，提高土壤孔隙度，促进盐分淋失，从而降低土壤电导率与含盐量，达到改良盐碱地的目的。在优化施肥的基础上，用菌渣堆肥替代 15％和 30％的化肥还田，可以增产 21.9％和 17.8％，每亩分别增收 132 元和 77 元。

笔者在山东胶州、莘县等地，通过多年试验，研究了不同种类的菌渣通过堆肥还田和菌渣简化还田等方式对不同作物栽培、土壤质量、农业环境等方面的影响，以期为菌渣的循环利用以及菌渣还田技术提供理论依据，为实现瓜菜菌产业的可持续发展提供数据支撑。

一、菌渣配施土壤改良剂对马铃薯产量、品质及土壤理化性质的影响

本次试验于 2019 年秋季在山东省青岛市胶州市胶西镇家河崖村多年栽培马铃薯的地块进行。该地年平均气温 12℃，无霜期 210 天，有效积温 4 599.2℃，降水量 724.8 毫米，为典型的温带大陆性季风气候。试验田土质为棕壤土，前茬作物为小麦。试验前土壤基本理化性质见表 7-1。

表 7-1 试验田试验前土壤的基本理化性质

有机质 （克/千克）	有效氮 （毫克/千克）	速效磷 （毫克/千克）	速效钾 （毫克/千克）	pH	电导率 （毫西门子/厘米）
1.44	104.31	68.00	224	6.66	72.1

马铃薯供试品种为荷兰 15 号。当地所施氮肥为尿素（纯氮，46.0%），磷肥为重过磷酸钙（五氧化二磷，45.0%），钾肥为硫酸钾（氧化钾，50.0%）。菌渣为大球盖菇的栽培菌渣，自然堆放状态，未进行好氧发酵。化学改良剂为聚丙烯酰胺（PAM）（购自济南莱德化工有限公司），蚯蚓粪为寿光市丰凯蚯蚓养殖合作社提供的以牛粪为养殖原料的蚯蚓粪。

本次试验设 5 个处理，每个处理设置 3 次重复，随机区组排列，共 15 个试验小区，每个试验小区面积为 50 米^2（5 米×10 米）。种植密度 6.0 万株/公顷，试验区周边设 2 行保护区。试验于 4 月 25 日播种，6 月 29 日收获，在出苗完全时中耕、除草 1 次，不同处理田间管理方法一致。试验时 PAM 和菌渣、蚯蚓粪等混合后均匀撒施在小区内。不同处理具体施肥方案见表 7-2。

表 7-2 田间试验施肥方案

单位：千克/公顷

| 处理 | 基肥 | | | | | | 追施纯氮 |
	菌渣	蚯蚓粪	PAM	纯氮	五氧化二磷	氧化钾	
CK	/	/	/	112.5	60	75	112.5
T1	24 000	/	/	112.5	60	75	112.5
T3	12 000	7 500	/	112.5	60	75	112.5
T4	12 000	7 500	50	112.5	60	75	112.5
T5	12 000	10 000	50	112.5	60	75	112.5

1. 不同施肥方案对植株生长发育的影响 株高、茎粗以及主茎数是直接反映马铃薯生长状态的重要农艺指标，将不同处理下马铃薯的形态指标进行统计并进行方差分析，结果见表 7-3。

表 7-3 不同施肥方案下马铃薯生长指标

处理	株高（厘米）	茎粗（毫米）	主茎数（个）
CK	56.2d	11.31d	2.18d
T1	61.3c	12.22c	2.31c
T2	62.9b	12.82b	2.35b
T3	67.5a	14.70a	2.57a
T4	67.1a	14.32a	2.52a

注：小写英文字母表示在 5% 水平下差异显著。

从表中可以看出，各处理马铃薯各形态指标的大小顺序均为 T3＞T4＞T2＞T1＞CK。与 CK 处理相比，各处理的马铃薯株高增幅为 9.07%～20.11%，茎粗增幅为 8.05%～29.97%，主茎数增幅为 5.96%～17.89%，各处理与对照组相比各指标的提升效果均达到显著水平（$P < 0.05$）。这几个指标中，T3 的效果最好，但与 T4 处理相比无明显差异，T1、T2、T3 两两之间差异显著。以上结果说明施用菌渣、蚯蚓粪以及配合 PAM 有利于提高马铃薯生

长发育水平。

2. 不同施肥方案对马铃薯产量的影响 不同施肥方案对马铃薯产量和产量分布的影响见表7-4。由表7-4可以看出，不同施肥方案对马铃薯产量有很大影响。各处理与对照组相比增产率为7.79%～24.26%，增产效果达到显著水平，其中T3处理的增产效果最好，与T4无明显差异，但T1、T2、T3之间差异显著。在产量分布方面，各处理与对照组相比小薯质量百分比均降低，大薯（商品薯）质量百分比均提高，差异显著，但各处理间无显著差异，其中T3处理中薯质量百分比最高，T2处理大薯质量百分比最高。以上结果说明在本次试验条件下，各处理能提高马铃薯产量、品质和商品性。

表7-4　不同处理对马铃薯产量构成因素的影响

处理	马铃薯每亩产量（千克）	大薯质量百分比（%）	中薯质量百分比（%）	小薯质量百分比（%）
CK	2 348.40d	56.14b	27.57a	16.29a
T1	2 531.25c	61.00a	27.67a	11.33b
T2	2 723.58b	62.01a	28.43a	10.63b
T3	2 918.13a	61.14a	28.57a	10.29b
T4	2 834.75a	60.82a	28.47a	10.71b

注：小写英文字母表示在5%水平下差异显著。

3. 不同施肥方案对马铃薯产量的影响

本试验以淀粉、还原性糖、维生素C、粗蛋白四个指标表征马铃薯的品质。由表7-5可以看出，与对照组CK相比，各处理的各品质指标的提升效果均达到显著水平。其中淀粉亩产量增加了14.58%～47.80%，还原性糖含量增加了8.70%～28.26%，维生素C含量增加了2.77%～18.71%，粗蛋白含量增加了13.08%～30.38%。综合这四个指标的提升效果来看，T3处理对淀粉亩产量和还原性糖含量的提升效果最好，而 T4 处理对维生素 C 和粗蛋白含量的提升效果最好，但在这四个指标中，T3 和 T4 两处理的效果差异性很小，考虑到成本问题，仍选择 T3 处理为本次试验的最佳处理组。

表 7-5　不同处理马铃薯淀粉亩产量以及还原性糖、维生素 C、粗蛋白含量

处理	淀粉亩产量（千克）	还原性糖（%）	维生素 C（毫克/千克）	粗蛋白（%）
CK	223.10d	0.46d	256.6d	2.37d
T1	255.63c	0.50c	263.7c	2.68c
T2	305.04b	0.54b	277.4b	3.00b
T3	329.75a	0.59a	299.3a	3.08a
T4	326.00a	0.58a	304.6a	3.09a

注：小写英文字母表示在 5% 水平下差异显著。

土壤容重和孔隙度是评价土壤的松紧程度和宜耕状况的重要物理指标。由表 7-6 可以看出，对照组 CK 的土壤容重最大，对应的孔隙度最小，各试验组的土壤容重均减小，相应的孔隙度都增大。各处理土壤容重与对照组相比降幅为 2.53%～4.59%，差异均达到显著水平；各处理土壤孔隙度与 CK 相比增幅为 2.85%～7.13%，效果也均达到显著水平。以上结果表明添加菌渣、蚯蚓粪及 PAM 能有效降低土壤容重，增加土壤孔隙度，改善土壤通透性。

土壤 pH 和全盐量是反映土壤性质的重要化学指标。马铃薯收获后 CK 的土壤 pH 最低，其他几组较之都有明显的提升，增幅为 5.10%～9.14%，提升效果均达到显著水平。就效果来看，T2、T3、T4 处理之间效果相差不大，但好于 T1 处理。各处理土壤全盐量与 CK 相比降幅为 22.22%～30.26%，效果也均达到显著水平。这说明施加菌渣、蚯蚓粪及 PAM 能有效改善土壤的酸化问题以及降低土壤中的全盐量。

表 7-6 不同处理土壤各指标含量

处理	容重（千克/米³）	孔隙度（%）	全盐量（毫克/千克）	pH
CK	1 759.8c	49.1d	1.98a	5.69c
T1	1 701.6b	51.2b	1.59bc	5.98b
T2	1 716.3c	50.8c	1.62b	6.18a
T3	1 682.5a	52.6a	1.52c	6.21a
T4	1 693.2ab	52.3a	1.53c	6.19a

注：小写英文字母表示在5%水平下差异显著。

二、菌渣还田对设施瓜菜产量、品质和土壤肥力的影响

地处华北平原的山东省莘县，气候适宜、资源丰富，是全国闻名的"菜篮子"，当地设施瓜菜种植从 1988 年开始，经过 30 多年的发展，形成以设施蔬菜、甜瓜、食用菌为主导的规模经营体系，常年瓜菜种植面积达到 90 多万亩，食用菌栽培面积 600 多万米²，瓜菜菌总产近 500 万吨，享有"中国蔬菜第一县"的美誉。但是在瓜菜产业快速发展的同时，也存在一些问题，由于常年使用未完全发酵或未发酵的畜禽粪便作为基肥以及过量施用化肥，造成土壤质量退化以及瓜菜产量下降、品质降低等一系列问题。在食用菌发展过程中，比较头疼的问题是大量食用菌的副产物——菌渣，无法得到有效处理，随意丢弃造成环境污染。这些问题严重制约着莘县瓜菜菌产业的安全和可持续发展。本研究以黄瓜（秋冬茬）和甜瓜（早春茬）轮作为对象，研究草菇菌渣对作物产量、品质和土壤肥力的影响。

本试验共设置 7 个处理，分别为农民常规处理（鸡粪＋化肥）和 6 个不同量菌渣还田处理（菌渣＋化肥）。常规处理（conventional，CON）每茬的鸡粪施用量为 45 吨/公顷，菌渣（mushroom residue，FR）还田处理每茬的菌渣施用量分别为 0（MR0）、

15（MR1）、30（MR2）、45（MR3）、60（MR4）和75（MR5）吨/公顷。菌渣和鸡粪全部作为基肥使用，所有处理的化肥施用量一致，每季黄瓜纯氮、五氧化二磷、氧化钾施用量分别为30千克、15千克、40千克，其中基肥量分别为12千克、10千克、15千克，追肥量分别为18千克、5千克、25千克；每季甜瓜纯氮、五氧化二磷、氧化钾施用量分别为20千克、15千克、30千克，其中基肥量分别为4.5千克，2.5千克，4.5千克，追肥量分别为15.5千克、12.5千克、25.5千克。定植前按照比例将鸡粪、菌渣和化肥（基肥）撒施到地面，然后旋耕与土壤混合均匀，起垄后定植。追肥时先将肥料按比例溶于水，然后通过施肥器进行灌溉施肥。

1. 不同施肥处理对黄瓜和甜瓜产量的影响 如图7-1所示，相比常规处理（CON），菌渣还田（MR1～MR5）可以显著增加黄瓜产量，MR1、MR2、MR3、MR4和MR5的增幅分别为28.1%、35.7%、41.3%、45.3%和43.2%。

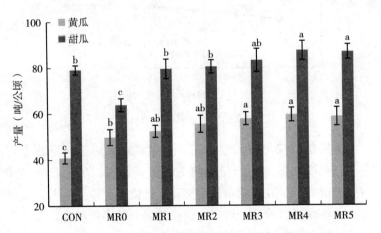

图7-1 不同施肥处理对黄瓜和甜瓜产量的影响

注：不同小写字母表示不同处理间差异达到显著水平（$P < 0.05$）

甜瓜与黄瓜表现不同的是，仅高量菌渣还田处理（MR3～

MR5）的甜瓜产量与常规处理相比差异显著，相比 CON，MR3、MR4 和 MR5 分别增加了 5.1％、10.4％和 9.6％。低量菌渣还田处理（MR1 和 MR2）与常规处理相比差异不显著。

综合黄瓜产量与甜瓜产量的变化趋势来看，黄瓜产量与甜瓜产量都呈现出随着菌渣施用量的增加先增加后降低的趋势。菌渣还田量与土壤有机碳和土壤全氮含量均呈一元二次函数关系（图 7-2），菌渣还田量的多少可以解释 98.3％的黄瓜产量变化和 96.2％的甜瓜产量变化。综上表述，菌渣代替鸡粪还田会增加黄瓜和甜瓜产量，菌渣用量 60 吨/公顷效果最好。

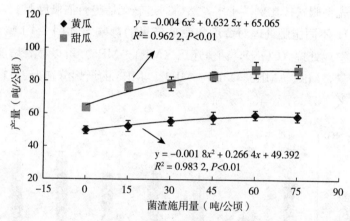

图 7-2 菌渣施用量与黄瓜和甜瓜产量的关系

菌渣还田不仅可以增加黄瓜（秋冬茬）和甜瓜（早春茬）产量，而且黄瓜和甜瓜的产量会随着菌渣还田量（0～60 吨/公顷）的增加而增加。研究表明菌渣配施化肥既能补充速效养分，又可以持续供应作物所需养分，可以达到作物养分的平衡供应，实现作物增产的目的。同时菌渣在分解过程中会大量产生 CO_2，在一定浓度范围内，作物光合作用强度会随着 CO_2 浓度的升高而增强，从而增加作物产量。这可能是本次研究中黄瓜和甜瓜的产量会随着菌渣还田量的增加而增加的原因。本研究中常规施肥（鸡粪＋化肥）的黄瓜产量要显著低于其他处理，这是因为在本次试验中，使用的鸡粪没有充分腐熟，黄瓜定植后苗死了 1/3，后期补了苗，影响了产量。未完全腐熟的鸡粪施用到地里，会继续发酵（本次试验黄瓜定植在 8 月，棚内气温偏高，会促进鸡粪的发酵），在发酵过程中会产生大量热量和氨气，从而引发黄瓜烧苗烧根。因而在栽培中一定要避免使用未完全腐熟的畜禽粪便。

2. 不同施肥处理对黄瓜和甜瓜品质的影响

从表 7-7 可以看出，化肥配施有机物（鸡粪或菌渣）会显著提高黄瓜和甜瓜的维生素 C 含量，与常规处理（CON）相比，菌渣处理（MR1～MR5）显著提高黄瓜和甜瓜维生素 C 含量；从黄瓜维生素 C 含量来看，MR1、MR2、MR3、MR4 和 MR5 与 CON 相比分别提高了 3.3%、4.9%、13.7%、27.6% 和 33.1%，黄瓜维生素 C 含量会随着菌渣施用量的提高而升高。与黄瓜不同，甜瓜维生素 C 含量会随着菌渣施用量的提高先升高再降低，相比 CON，MR1、MR2、MR3、MR4 和 MR5 分别提高了 27.5%、57.3%、67.1%、55.7% 和 36.3%。化肥配施有机物（鸡粪或菌渣）也会显著提高黄瓜和甜瓜的硝酸盐含量（表 7-7），但是与鸡粪相比，施用菌渣会显著降低黄瓜的硝酸盐含量，黄瓜硝酸盐含量也会随着菌渣施用量的提高而升高；对于甜瓜的硝酸盐含量来说，菌渣处理与常规处理间无显著差异。与作物维生素 C 含量和硝酸盐含量变化相同的是，化肥配施有机物（鸡粪或菌渣）同样会显著提高黄瓜和甜瓜的可溶性糖含量（表 7-7）。

菌渣不仅可以增加作物产量，还会改善作物品质。本研究的结果表明，菌渣还田可以提高设施黄瓜和甜瓜的维生素 C 含量和可溶性糖含量，这可能是因为菌渣中含有较多的酶类、糖类和生长促进物质。有的研究表明，菌渣还田增加了土壤有机质的含量，从而促进土壤反硝化进程，进而有效地降低了土壤中硝态氮浓度，减少了蔬菜对硝态氮的吸收，这可能是本研究中菌渣还田可以降低黄瓜和甜瓜硝酸盐含量的原因。

表 7-7　不同施肥处理对黄瓜和甜瓜品质的影响

作物	处理	维生素 C 含量（毫克/千克）	硝酸盐含量（毫克/千克）	可溶性糖含量（%）
黄瓜	CON	8.18±0.54c	71.6±1.34a	0.84±0.03b
	MR0	5.59±0.01d	35.1±2.7d	0.69±0.01c
	MR1	8.45±0.24bc	50.9±1.38c	0.79±0.01b
	MR2	8.58±0.19bc	53.5±1.06bc	0.92±0.03a
	MR3	9.3±1.05ab	55.5±5.21bc	0.93±0.02a
	MR4	10.4±1.54a	64.3±8.25ab	0.90±0.04a
	MR5	10.7±1.23a	65.3±21.17ab	0.94±0.01a
甜瓜	CON	60.0±9.6bc	82.5±5.3a	7.45±0.30a
	MR0	50.2±10.7c	44.1±18.7b	6.86±0.54a
	MR1	76.5±0.3abc	70.2±7.5ab	7.05±1.00a
	MR2	94.5±5.7ab	76.1±9.8ab	7.02±0.16a
	MR3	100.2±24.7a	83.5±3.5a	7.77±0.80a
	MR4	93.4±7.4ab	86.0±56.4a	8.00±0.71a
	MR5	81.7±26.5abc	82.7±16.9a	7.87±0.21a

注：不同小写字母表示处理间差异达到显著水平（$P < 0.05$）

3. 不同施肥处理对土壤肥力的影响　由表 7-8 可以看出，与常规施肥相比，化肥处理和菌渣处理显著降低了土壤 pH。化肥配施有机物（鸡粪或菌渣）相比化肥会显著提高土壤电导率，尤其是鸡粪处理（CON）的土壤电导率达到了 586.5 微西门子/厘米，超过人们通常认为的作物生育障碍临界点（电导率大于 500 微西门子/厘米）。但是菌渣还田处理相比常规处理会显著降低土壤电导率（<500 微西门子/厘米），相比 CON，MR1、MR2、MR3、MR4 和 MR5 分别降低了 48.1%、34.9%、33.5%、31.3% 和 29.8%。与土壤电导

率变化不同的是，化肥配施有机物（鸡粪或菌渣）相比仅使用化肥会显著提高土壤有机质含量，并且施用菌渣相比鸡粪效果更好。同样的，化肥配施有机物（鸡粪或菌渣）相比仅使用化肥显著提高了土壤全氮（total nitrogen，TN）、全磷、全钾、速效氮、速效磷和速效钾含量（表 7-8），高量菌渣（MR3～MR5）还田处理相比常规处理增加了全氮、全磷、全钾、速效氮、速效磷含量；相比 CON，MR3、MR4 和 MR5 的全氮含量分别增加了 19.8%、29.3% 和 25.9%，全磷含量分别增加了 4.8%、8.0% 和 11.2%，全钾含量分别增加了 0.5%、0.3% 和 9.4%，速效氮含量分别增加了 66.4%、68.7% 和 72.3%，速效磷含量分别增加了 2.9%、29.1% 和 47.2%。

表 7-8 不同施肥处理对土壤理化性状的影响（0～30 厘米土层）

处理	pH	电导率（微西门子/厘米）	有机质（克/千克）	全氮（克/千克）	全磷（克/千克）	全钾（克/千克）	速效氮（毫克/千克）	速效磷（毫克/千克）	速效钾（毫克/千克）
CON	8.05±0.04a	586.5±30.6a	17.0±0.59d	1.16±0.02e	1.25±0.05c	38.2±1.53ab	78.3±2.4d	54.7±1.88c	428±11.1c
MR0	7.88±0.03b	281.8±16.8c	14.2±0.47d	0.76±0.01g	0.98±0.01e	35.9±0.48c	46.6±1.52e	33.9±1.64e	339±1.2e
MR1	7.86±0.06b	304.4±10.2c	19.0±0.47c	1.19±0.02d	1.27±0.03bc	39.2±1.62b	88.0±5.2c	41.4±2.79d	459±6.4b
MR2	7.85±0.06b	381.6±20.1b	18.9±0.03c	1.09±0.01f	1.12±0.04d	38.0±1.06bc	108.0±3.18b	44.5±0.98d	416±20.9c
MR3	7.86±0.09b	390.3±22.6b	20.6±1.1b	1.39±0.02c	1.31±0.08ab	38.4±1.91bc	130.3±2.41a	56.3±2.60c	415±16.2c
MR4	7.85±0.06b	403.1±30.6b	22.6±0.27a	1.50±0.01a	1.35±0.04ab	38.3±0.58bc	132.1±6.43a	70.6±0.51b	391±4.2d
MR5	7.88±0.08b	411.6±25.8b	22.4±0.22a	1.46±0.01b	1.39±0.05a	41.8±1.76a	134.9±7.32a	80.5±7.32a	492±8.7a

注：不同小写字母表示处理间差异达到显著水平（$P < 0.05$）。

土壤养分活化系数是表征养分有效性的重要指标，是指土壤有效养分含量除以养分全量得到的数值，系数越高表明土壤养分的有效性越高。与仅使用化肥相比，化肥配施有机物（鸡粪或菌渣）显著增加了土壤氮、磷和钾的活化系数；而施用菌渣相比鸡粪也显著提高了土壤氮活化系数，最高可提高 36.2%；特别是高量菌渣还田处理（MR4 和 MR5）相比常规处理（鸡粪＋化肥）增加了土壤磷活化系数，分别提高了 20.0% 和 32.9%。

综上所述，化肥配施有机物可以增加土壤养分和提高土壤养分活化系数，菌渣代替鸡粪还田可以降低土壤 pH 和电导率，增加土壤养分和提高土壤养分活化系数，说明菌渣还田可以提高土壤肥力、改善土壤质量，其中 MR4 表现的效果最好。

4. 菌渣还田对土壤肥力的影响 本研究中菌渣还田可以显著增加土壤有机质。这主要是由于菌渣本身富含有机质，而土壤中含有分解有机质的酶，最终菌渣转化为能够改良土壤，易被作物吸收利用的有机质。研究表明菌渣中含有大量土壤酶，是土壤物质循环重要参与者，同时菌渣还田处理降低了土壤 pH，为微生物群落提供了良好的生存生境，增强土壤微生物活性，提高土壤养分的有效性，这可能是本研究中菌渣还田可以提高土壤速效养分含量及土壤养分活化系数的原因（图 7 - 3）。

综上所述，菌渣还田会增加设施黄瓜和甜瓜产量，黄瓜和甜瓜产量在一定范围内会随着菌渣还田量的增加而增加，其中菌渣还田量为 60 吨/公顷的效果最好。菌渣还田可以显著提高黄瓜和甜瓜维生素 C 含量和可溶性糖含量，降低硝酸盐含量，从而改善黄瓜和甜瓜品质。菌渣还田可以降低土壤 pH 和电导率，增加土壤养分和土壤养分活化系数，从而提高土壤肥力和土壤质量。菌渣代替鸡粪作为基肥还田可以提高设施瓜菜产量、品质和土壤肥力，建议在瓜菜菌主产区因地制宜进行推广和应用。

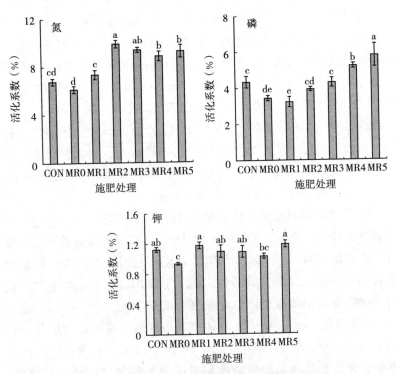

图 7-3 不同施肥处理对土壤养分活化系数的影响

注：不同小写字母表示处理间差异达到显著水平（$P<0.05$）。

三、菌渣还田对设施土壤微生物量碳、氮的影响

在设施瓜菜主产区莘县研究不同量菌渣还田对设施土壤微生物量碳（microbial biomass C，MBC）、土壤微生物量氮（microbial biomass N，MBN）和有机碳（soil organic C，SOC）、全氮（total nitrogen，TN）的影响，及土壤微生物量碳、氮与土壤有机碳、全氮的相关性，以期评价菌渣还田对设施土壤质量的影响，为实现设施瓜菜生产的可持续发展提供理论依据和技术支持。

试验地土壤质地为潮土，轮作制度为秋冬茬黄瓜—冬春茬甜瓜，2018 年 8 月 16 日试验开始，6 月 15 日试验结束。试验设置 6 个处理，分别为农民常规处理（鸡粪＋化肥）和 5 个不同量菌渣还田处理（菌渣＋化肥）。常规处理（conventional，CON）每茬的鸡粪施用量为 75 米³/公顷，菌渣（mushroom residue，MR）还田处理每茬的菌渣施用量分别为 15（MR1）、30（MR2）、45（MR3）、60（MR4）和 75（MR5）吨/公顷，所有处理的化肥施用量一致。黄瓜和甜瓜定植前按照比例将菌渣、鸡粪和化肥（基肥）撒施到地面，然后旋耕与土壤混合均匀。追肥时先将肥料按比例溶于水，然后通过施肥器进行灌溉施肥。

1. 菌渣还田对土壤有机碳和全氮的影响 如图 7-4 所示，相比常规处理（CON），菌渣还田（MR1～MR5）可以显著增加土壤有机碳含量，MR1、MR2、MR3、MR4 和 MR5 有机碳的增幅分别为 12.0%、11.2%、21.6%、33.1% 和 31.7%。土壤全氮含量的变化趋势与土壤有机碳含量的变化趋势类似（图 7-5），相比 CON，MR1、MR2、MR3、MR4 和 MR5 的土壤全氮含量分别增加了 3.1%、6.3%、19.9%、29.4% 和 26.4%。土壤有机碳与土壤全氮含量都呈现随着菌渣施用量的增加先增加后降低的趋势，

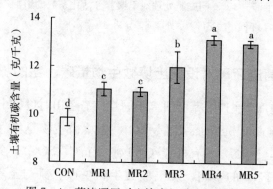

图 7-4 菌渣还田对土壤有机碳含量的影响

注：不同小写字母表示不同处理在 $P < 0.05$ 水平差异显著。

MR4 处理的土壤有机碳和土壤全氮含量最高。菌渣还田量与土壤有机碳和土壤全氮含量均呈一元三次函数关系（图 7-6 和图 7-7），菌渣还田量的多少可以解释 99.96％的土壤有机碳含量变化和 99.91％的土壤全氮含量变化。

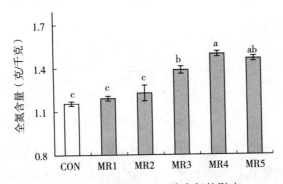

图 7-5　菌渣还田对土壤全氮的影响

注：不同小写字母表示不同处理在 $P<0.05$ 水平差异显著。

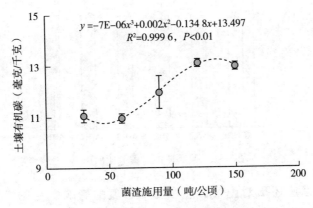

$y=-7\mathrm{E}-06x^3+0.002x^2-0.134\ 8x+13.497$
$R^2=0.999\ 6,\ P<0.01$

图 7-6　土壤有机碳与菌渣还田量的关系

从图 7-8 可以看出，所有处理的碳氮比（C/N）无显著差异。

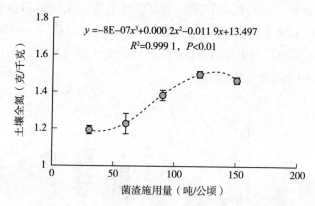

图 7-7 土壤全氮与菌渣还田量的关系

尽管没有显著差异，但是与 CON 处理相比，菌渣还田处理还是提高了土壤碳氮比，MR1、MR2、MR3、MR4 和 MR5 碳氮比分别比 COR 提高了 8.6%、5.2%、1.4%、2.8% 和 4.1%。

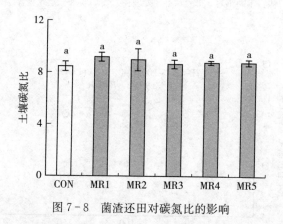

图 7-8 菌渣还田对碳氮比的影响

2. 菌渣还田对土壤微生物量碳、氮的影响 从图 7-9 和图 7-10 可以看出，随着菌渣还田量的增加，土壤微生物量碳、氮含量也随之增加，并且微生物量碳、氮与菌渣还田量呈线性关系（图 7-11 和图 7-12），菌渣还田量的变化可以解释 97.31% 的土壤微生物量碳含量变化和 94.54% 的土壤微生物量氮含量变化。与常规鸡粪还田相比，MR2、MR3、MR4 和 MR5 的土壤微生物量碳的增幅分别为 16.1%、19.9%、36.8% 和 50.7%，而土壤微生物量氮的增幅则分别为 3.3%、37.7%、40.4% 和 60.9%。

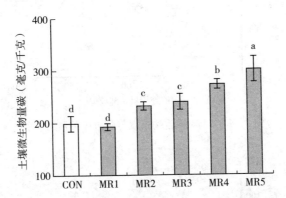

图 7-9　菌渣还田对土壤微生物量碳的影响

注：不同小写字母表示不同处理在 $P<0.05$ 水平差异显著。

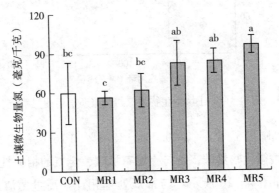

图 7-10　菌渣还田对土壤微生物量碳的影响

注：不同小写字母表示不同处理在 $P<0.05$ 水平差异显著。

图 7-13 表明，菌渣还田处理（MR2 除外）相比常规处理降低了土壤微生物量碳氮比。MR1、MR3、MR4 和 MR5 与 CON 处

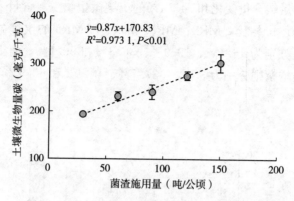

图 7-11 土壤微生物量碳与菌渣还田量的关系

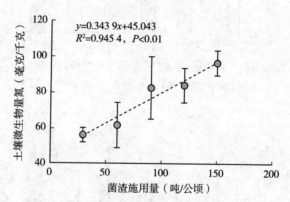

图 7-12 土壤微生物量氮与菌渣还田量的关系

理相比分别降低了 8.3%、20.9%、12.8% 和 16.6%。

3. 土壤微生物量碳、氮与土壤有机碳、全氮的相关性分析 如图 7-14 和图 7-15 所示,与常规处理相比,高量菌渣还田处理(MR4 和 MR5)增加了土壤微生物量碳(MBC)与有机碳(SOC)之比和土壤微生物量氮(MBN)与全氮(TN)之比。MR1 相比 CON 处理,MBC/SOC 和 MBN/TN 降低了,降幅分别为 14.1% 和 9.3%。MR2 相比 CON 处理,MBC/SOC 增加了,但是 MBN/

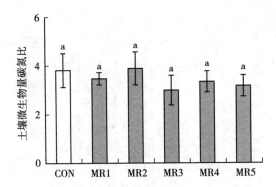

图 7-13 菌渣还田对土壤微生物量碳氮比的影响

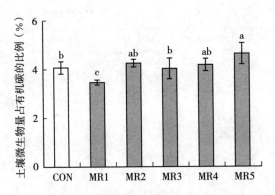

图 7-14 土壤微生物量碳占有机碳的比例

TN 降低了，MR3 处理的情况与 MR2 恰恰相反，相比 CON 处理 MBN/TN 增加了。

从表 7-9 可以看出，SOC 与 TN、MBC 和 MBN 均呈极显著正相关关系，相关系数分别为 0.914、0.816 和 0.654。TN 与 MBC 和 MBN 分别呈极显著正相关关系，相关系数分别为 0.825 和 0.681。MBC 与 MBN 之间呈现极显著正相关关系，相关系数为 0.745。

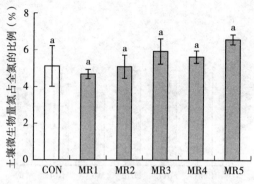

图 7-15 土壤微生物量氮占全氮的比例

表 7-9 土壤不同形态碳氮的相关性分析

因子	SOC	TN	C/N	MBC	MBN	MBC/MBN	MBC/SOC	MBN/TN
SOC	1	0.914**	0.127	0.816**	0.654**	−0.269	0.337	0.339
TN		1	−0.284	0.825**	0.681**	−0.268	0.444	0.327
C/N			1	−0.079	−0.113	0.017	−0.267	0.016
MBC				1	0.745**	−0.214	0.818**	0.505*
MBN					1	−0.764**	0.580*	0.911**
MBC/MBN						1	−0.102	−0.860**
MBC/SOC							1	0.504*
MBN/TN								1

注：* 表示显著相关，** 表示极显著相关（$P < 0.01$）。

　　土壤微生物量碳、氮可以表征土壤微生物量，能够准确地反映土壤状况，是评价土壤质量和肥力的重要指标。施用菌渣等有机肥可以快速增加土壤微生物量碳、氮含量。本研究发现，施用菌渣比施用鸡粪增加了土壤微生物量碳、氮含量，并且分别与土壤有机碳和全氮呈极显著正相关关系，这可能是因为菌渣原料在种菇前已经经过了一次发酵，活性有机碳和氮含量要比没有经过发酵的鸡粪高，从而增加土壤有机碳和全氮含量，经过土壤和菌渣中微生物的作用进而增加土壤微生物量碳、氮含量。本研究还发现，随着菌渣还田量的增加，土壤微生物量碳、氮含量呈直线上升，菌渣还田量的变化可以解释 97.31％的土壤微生物量碳含量变化和 94.54％的土壤微生物量氮含量变化，这可能是因为菌渣本身富含碳、氮，可以为微生物提供充足的碳、氮。

土壤微生物量碳、氮含量比（MBC/MBN）可以反映土壤氮素的供应能力，MBC/MBN 较低时，土壤氮素有较高的生物有效性，从而可以提高土壤氮素利用率。本研究发现，菌渣还田可以降低MBC/MBN，这可能是因为菌渣还田后土壤氮素的生物活性增强，更多的氮素被微生物同化，从而使微生物体内氮含量升高，造成微生物碳氮比下降。这说明菌渣还田可以提高设施土壤氮素的生物有效性，进而可以提高氮素利用率，其中 MR3 处理的效果最好。

虽然土壤微生物量碳、氮分别在土壤有机碳和全氮中占很小的比例，但它们在土壤碳氮循环与转化的过程中起着非常重要的作用，土壤微生物量碳与有机碳的比值（MBC/SOC）可以表征土壤有机碳生物有效性。研究表明，有机物料还田能提高 MBC/SOC。本研究发现，相比常规处理的鸡粪还田，少量菌渣还田（FR1）降低了 MBC/SOC，这说明虽然少量菌渣还田可以提高土壤 SOC，但有机碳的周转速度有可能降低，而高量菌渣还田则不存在这个问题。土壤微生物量氮与全氮的比值（MBN/TN）可以作为土壤氮素可利用指标。本研究发现，相比常规鸡粪还田，高量菌渣还田（FR3、FR4 和 FR5）增加了 MBN/TN，这说明高量菌渣还田可以提高土壤氮素可利用性。

综上所述，在设施瓜菜生产中用菌渣代替鸡粪还田，可以显著提高土壤有机碳、全氮和微生物量碳、氮。菌渣还田相比鸡粪还田可以提高土壤氮素供应能力和土壤生物有效性，进而提高土壤肥力。随着菌渣还田量的增加，土壤微生物碳、氮含量也随之升高，在一定的范围内，土壤微生物碳、氮含量与菌渣还田量呈线性关系。综上，菌渣还田是改善设施土壤状况、提高土壤肥力的有效途径。

四、菌渣施用对设施辣椒活性氮气态损失和肥料氮素利用率的影响

设施蔬菜生产上氮肥投入过量会引起大量氮素损失，造成氮肥利用率低下。利用食用菌菌渣作为有机肥还田是解决上述问题的一个有效措施，对设施蔬菜生产及菌渣资源化利用具有重要意义。本研究以设施辣椒为研究对象，设置鸡粪＋常规施肥（CON）、商业有机肥＋优化施肥（OPT）、金针菇菌渣＋优化施肥（MVF）、金针菇菌渣代替15％化肥氮＋85％优化施肥量（MVF15）、金针菇菌渣代替30％化肥氮＋70％优化施肥量（MVF30）五个处理，对比分析金针菇菌渣对产量、氮素利用率、活性氮气态损失的影响。

1. 菌渣施用对活性氮气态损失的影响

（1）菌渣施用对氨气排放的影响。氨气排放速率如图7-16所示，辣椒生长期内，排放峰值主要集中在每次施肥后的一周内。各处理峰值出现的时间大致相同，第一次施肥浇水后，CON处理氨气排放通量显著高于其他处理，最高达到125毫克/（米^2·天）。第一次施肥浇水后，各处理排放峰集中在施肥后的4～5天出现，之后呈现下降趋势。CON处理第一次施肥浇水后排放峰明显高于后两次施肥浇水后排放峰，且峰值下降幅度大，菌渣处理MVF、MVF15、MVF30第二次、第三次施肥浇水后排放峰值较第一次施肥浇水后排放峰值明显上升，OPT处理第二次施肥浇水后排放峰值达最大。

氨气累积排放量如图7-17所示。第一次施肥后，OPT、MVF15、MVF30处理与CON处理相比，NH_3累积排放量显著降低，CON处理与MVF处理氨气累积排放量无显著性差异。第二次和第三次施肥后各处理氨气累积排放量无显著性差异。

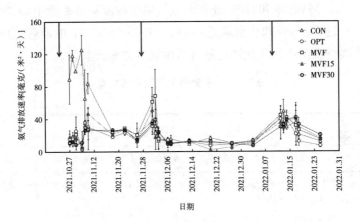

图 7-16　各处理下氨气排放速率

注：图中红色箭头代表施肥灌溉日期。

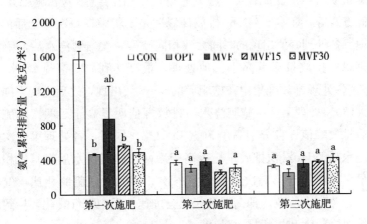

图 7-17　三次施肥后各处理下氨气累积排放量

注：图中数值为平均值±标准误（$n=3$）。不同小写字母表示不同处理在每次施肥后氨气累积排放量有显著差异（$P<0.05$）。

从三次施肥后氨气累积排放量来看（表 7-10），CON 处理下氨气累积排放量显著高于 OPT、MVF、MVF15、MVF30。

MVF15、MVF30 和 OPT 处理的氨气累积排放量显著低于 CON 处理，且较 CON 处理分别降低 47%、46%、56%，表明商业有机肥替代鸡粪和菌渣替代化肥可显著减少氨气累积排放量。

表 7 - 10　各处理氨气累积排放量

单位：毫克/米²

处理	CON	OPT	MVF	MVF15	MVF30
	2 259±111.3a	1 005±82.6b	1 616±440.9ab	1 194±27.6b	1 213±94.9b

注：表中的数值为平均值±标准误（$n=3$）。不同小写字母表示不同处理下氨气累积排放量有显著差异（$P<0.05$）。

自然因素、人为因素是影响土壤氨气排放的主要因素。自然因素包括土壤 pH 以及土壤 pH 缓冲能力、温度、土壤水分含量、土壤有机质含量、氮肥种类、施氮量等。人为因素主要包括施肥方式、灌溉方式等。在本研究中，排放高峰期主要集中在每次施肥后的一周内。各处理峰值出现的时间大致相同，第一次施肥浇水后，CON 处理氨气排放量显著高于其他处理，最高达到 125 毫克/（米²·天），各处理排放峰集中在施肥后的 4～5 天出现，之后呈现下降趋势。CON 处理第一次施肥浇水后排放峰值明显高于后两次施肥浇水后排放峰值，且分别高出 70% 和 61%，同时，各处理第一次施肥浇水后 NH_3 累积排放量显著高于后两次施肥浇水后氨气累积排放量，这可能与第一次施肥较第二次、第三次施肥时相比，气温高、光照度大所致，即高温和光照会加速铵根向氨气转化，导致氨气排放峰值大和累积排放量高。

土壤有机质是影响氨气排放的重要因素，土壤氨气排放随着有机质含量的升高而降低。前人研究发现，化肥＋有机肥处理较化肥处理显著降低肥料氨挥发损失量，施氮量的不同也会对氨挥发产生影响，氮肥施用量增加会导致土壤氨挥发量显著增加。本研究表明，随着金针菇菌渣用量的增加，土壤累积氨挥发量减少。如

MF15 和 MF30 处理较 MF 处理氨气累积排放量分别降低 26％
和 25％。OPT、MVF 处理较 CON 处理氨气累积排放量分别降
低 55％、28％，表明在减少氮肥用量 20％后，较常规施肥处
理可显著降低氨气累积排放量。MVF15 和 MVF30 处理氨气累
积排放量较 CON 处理分别降低 47％、46％，表明随着氮肥施
用量的减少和金针菇菌渣替代量的增加，氨气累积排放量下
降，且 MVF15 处理和 MVF30 处理即在优化施肥的基础上，用
金针菇菌渣替代 15％、30％化肥氮时，较有利于减少氨气累积
排放量。

综上，辣椒种植中优化氮肥施用量并配施金针菇菌渣能够显著
降低氨气累积排放量，且在优化施肥基础上，用金针菇菌渣替代
15％化肥氮时，氨气累积排放量最少。若将金针菇菌渣作为有机肥
用于辣椒种植，并同时减少化肥用量，有利于降低成本，促进菌渣
资源化利用，减少环境污染和氮素损失。

(2) 菌渣施用对一氧化二氮排放的影响。一氧化二氮排放速率
如图 7-18 所示。在辣椒生长周期内，一氧化二氮排放峰值主要出
现在每次施肥灌溉后的 4～5 天。CON 处理排放量在第一次施肥灌
溉后 6 天达到峰值，为 484 毫克/(米²·小时)。第一次施肥两周
后，各处理出现第二次一氧化二氮排放峰值，可能为当天温度较前
两周相比上升幅度高和灌溉导致。第二次施肥后，OPT 处理峰值
超过 CON 处理；第三次施肥后，CON 处理较其他 4 个处理峰值出
现晚 4 天。各处理高峰过后，各处理的一氧化二氮排放量迅速下
降，后趋于一致。

如表 7-11 所示，各处理一氧化二氮累积排放量无显著性差
异，但 CON 处理一氧化二氮累积排放量高于其他处理，且
MVF30 累计排放量最低。该结果表明，当用菌渣替代鸡粪、商
业有机肥时，不会导致一氧化二氮排放量的增加，且在一定程度
上有减少一氧化二氮排放量的趋势。

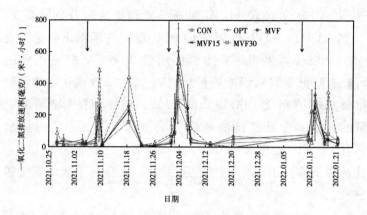

图 7-18　各处理下一氧化二氮排放速率

注：图中红色箭头代表施肥灌溉日期。

表 7-11　各处理一氧化二氮累积排放量

处理	CON	OPT	MVF	MVF15	MVF30
	138±35.8a	109±18.1a	94±12.9a	91±30.7a	75±15.9a

注：表中数值为平均值±标准误（$n=3$）。相同小写字母表示处理间一氧化二氮累积排放量差异不显著（$P<0.05$）。

相比氨气排放量，设施菜地一氧化二氮排放量相对较低。国内外学者研究表明，设施菜地一氧化二氮排放系数较低且低于1%。产生这种现象的原因是设施菜地施氮量高，导致土壤碳氮化降低，土壤微生物缺碳导致一氧化二氮排放量降低。前人研究指出，施肥或者降水后会出现一氧化二氮的排放高峰。

肥料类型是影响一氧化二氮排放的重要因素。有机肥料是土壤一氧化二氮产生的重要氮源。有机肥施入产生的"激发效应"，能促进土壤中碳、氮的释放，促进微生物活动，使土壤中氧气供应不足，促进反硝化作用，增加一氧化二氮的排放量。对于氮素累积的设施菜地而言，添加碳源如增加有机肥施用，存在增加一氧化二氮排放量的风险。本研究用金针菇菌渣代替常规辣椒种植中常施用的鸡粪，并通过金针菇菌渣替代部分化肥氮素减少氮肥用量，结果表明，金针菇菌渣处理与常规施肥处理相比，一氧化二氮累积排放量无显著性差异，表明金针菇菌渣作为有机肥施用不会增加一氧化二氮累积排放量。

2. 对土壤理化性质的影响

大量研究表明，有机肥有机质含量丰富、养分全面，能够提高土壤肥力，改善土壤物理性质，长期施用有机肥能提高土壤微生物活性和土壤酶活性，进而增加土壤养分含量和有效养分含量。本研究结果表明，金针菇菌渣和化肥合理配施能够显著增加 $0\sim15cm$ 土层土壤全氮含量和有机质含量，且在优化施肥基础上施用菌渣时，土壤全氮含量最高，且经过相关性分析发现，本次试验后土壤的全氮含量和有机质含量存在显著的正相关关系。在优化施肥基础上施用菌渣和在优化施肥基础上用菌渣进一步替代 30％化肥氮，两个处理土壤有机质含量较常规施肥＋鸡粪处理显著提高，表明金针菇菌渣作为有机肥替代鸡粪，并且优化施肥，减少施氮量是可行的。

土壤 pH 和电导率可以反映土壤健康状况，电导率越高，土壤含盐量越高，土壤盐渍化风险越大，土壤电导率与土壤 pH 存在极显著正相关性。传统设施菜地由于常年施用鸡粪，盐渍化现象严重，本研究中常规施肥＋鸡粪处理的电导率已经超过了作物生育障碍临界点，土壤电导率达到了 567 微西门子/厘米，超过人们通常认为的作物生育障碍临界点 500 微西门子/厘米，而金针菇菌渣作为有机肥施用可显著降低土壤电导率，其中优化施肥＋菌渣处理、菌渣替代15％化肥氮处理、菌渣替代30％化肥氮处理较 CON 处理电导率分别降低 26％、39％和33％，表明菌渣的施用可显著降低土壤电导率，降低土壤盐渍化风险，且在本研究中，土壤 pH 与电导率存在极显著负相关关系，当土壤 pH 升高时，能够提高产量和提高氮素利用率。菌渣处理土壤 pH 均高于常规施肥处理，且存在显著性差异，MVF 处理、MVF15 处理和 MVF30 处理 pH 分别为 7.15、7.35、7.25，均保持在 7 左右。因此，菌渣施用可保持土壤适宜的 pH 和电导率，有利于提高产量、氮素利用率和降低土壤盐渍化风险。

3. 氮素利用率及损失

有机肥、无机肥配施能显著提高作物氮肥利用率，一定程度上减少氮素损失，有机肥与化肥混合施用能够弥补彼此单独施用的不足，符合农业可持续发展要求。研究表明，在等氮磷钾条件下，合理配施有机肥与无机肥，可提高作物的氮肥利用率。现阶段，菌渣施用对作物氮素利用率影响的研究还较少，而本研究结果表明，在优化施肥的基础上，用金针菇菌渣替代 15％化肥氮时能显著提高氮肥利用率，是常规施肥＋鸡粪处理氮肥利用率的 1.17 倍，且在优化施肥基础上，用金针菇菌渣替代 15％化肥氮与优化施肥＋商业有机肥、金针菇菌渣替代 30％化肥氮相比，氮肥利用率显著提高。综上，金针菇菌渣用于辣椒种植时，可在减少氮肥用量 20％的基础上，用金针菇菌渣替代 15％或 30％化肥氮，有利于减少氮肥用量，提高氮肥利用率。在其他设施蔬菜种植中，也可用菌渣代替有机肥，并减少化肥氮投入，对于减少氨气、一氧化二氮排放，减轻土壤盐渍化、板结，提高蔬菜产量、品质和经济效益具有重要意义。

第八章　菌渣高值化利用技术

菌渣是由农牧废弃物经食用菌酶解，结构发生质变的粗纤维、粗蛋白、多糖及其他营养成分组成的复合物，理化特性优越，营养物质丰富，有较高的利用价值，除了回用于农田，还可用于动物饲料、生态修复材料和化工材料等多个方面，但在实际生产中还未获得大规模应用，有待技术进一步成熟。

第一节　菌渣饲料化利用

食用菌采摘后，菌棒中含有大量的有益菌和真菌菌丝，富含蛋白质、脂肪、氨基酸和微量元素等动物所需的营养成分，同时还含有多种功能性成分，如菌糠多糖、黄酮、三萜类化合物、甾醇等，其特有的蘑菇香味可提高饲料的适口性，通过加工处理后，可用于养殖肉兔、肉羊、奶牛和家禽，是潜在的优质饲料资源。通过微贮、菌剂发酵等措施能够提高菌渣营养物质的含量和营养物质在瘤胃中的有效降解率。

一、畜禽养殖

菌渣饲料化利用的基本条件是氨基酸含量要与玉米相当，但多数菌渣因蛋白质含量较低，或粗纤维含量过高，影响畜禽对营养物质的消化吸收，导致其可饲用性能较差。

饲料化利用对菌渣的新鲜度及其栽培原料要求较高，须做到无霉变、无动物不可食和不可消化的原料或异物，未使用高毒、高残留药物等。新鲜菌渣须尽快干燥，可添加适量脱霉剂，减轻霉菌的危害。根据菌渣种类和营养成分、畜禽的种类和生长阶段，与其他饲料合理搭配，特别是与蛋白质、矿物质以及维生素类饲料搭配使用。饲喂时要逐量添加，适应后逐渐增加到常规用量。

1. 养牛 利用菌渣饲喂奶牛、肉牛，可有效降低饲料成本，显著提高综合经济效益。目前应用于肉牛与奶牛的菌渣种类有杏鲍菇、灵芝、白灵菇、平菇、金针菇、香菇等的菌渣。

2. 养肉兔 应用菌渣饲料（配方为玉米 20%、金针菇菌渣 20%、豆粕 20%、磷酸氢钙 1.0%、食盐 0.5%、花生秧 37.5%、兔用预混料 1%、蒙脱石粉 0.25 克/千克）喂养肉兔，肉兔每天增加的体重高于常规饲料 6.0%，且在取食相同量饲料的情况下喂菌渣颗粒饲料增重更多，饲料消耗减少，每只肉兔可降低饲料成本 3.0~4.0 元。

3. 养羊 30%金针菇菌渣发酵全混合日粮品质优良，可显著加强贵州黑山羊采食和反刍活动，有效降低饲养成本和提高经济效益，可在实际养殖生产中推广使用。

4. 养鸡 饲粮中添加金针菇菌渣对黄羽肉鸡生长性能无显著影响，同时可改善肉品质及营养价值。日粮中添加 1% 和 2% 的杏鲍菇干渣可显著提高蛋鸡血清抗氧化能力。高营养水平日粮中加入平菇菌渣可以有效提高肉鸡日增重，提高鸡的生长性能。

二、养虫子

食用菌菌渣中添加畜禽粪便或少量添加其他辅助原料，经过腐解微生物菌剂适度发酵后，作为蚯蚓、白星花金龟等微型动物的饲料，利用昆虫过腹转化处理食用菌菌渣，生产出动物饲料或饲料添加剂，或是农作物的生物有机肥。

1. 养蚯蚓 菌渣饲喂蚯蚓，日增殖倍数和日增重倍数均较高。施用菌渣蚯蚓粪的草莓、黄瓜和番茄的产量均有显著提高，其中番茄产量提高幅度最大，提高了 48%，草莓和黄瓜则分别增产 45% 和 20%。

2. 养白星花金龟 醇化双孢蘑菇菌渣饲喂白星花金龟幼虫的最适温度为 28℃，此条件下 18 天白星花金龟幼虫的增重量最大为 13.18 克，取食量最大为 406.98 克，排粪量最大为 313.11 克，显著高于对照组。用白星花金龟虫粪种植黑麦，可提高亩产量。

3. 养黄粉虫 饲料中加入 40% 蟹味菇菌渣养殖黄粉虫，效果较好。

第二节 菌渣材料化技术

一、用于环境治理

食用菌菌渣中含有大量菌丝体和孔隙结构，具有较强的吸附功能。使用菌渣作为原料，通过简单的炭化和活化过程可得到比表面积高达 3 878.3 米²/克的多孔活性炭材料。菌渣生物炭同时具有较高的 pH（11~12）和丰富的官能团。菌渣生物炭作为土壤调理剂可以用于土壤改良修复、污染土壤治理、耕地地力提升，作为添加剂用于无土栽培可以调节基质的孔隙度和阳离子交换量，作为吸附剂可以有效处理难降解废水，如含磷、含氟废水，吸附水中染料、抗生素和重金属等常规难以处理的物质。利用双孢蘑菇菌渣、木屑和珍珠岩等材料制成的生物过滤器对挥发性污染气体有良好的吸附效果。

二、复合材料

东北林业大学基于菌糠炭稳定的片层结构及物化性质，通过引入双电层电容和赝电容材料制备了以菌糠炭为基底的菌渣衍生碳基复合材料，实现了菌渣衍生碳基复合材料在储能领域的实际应用。山东农业大学以废弃菌渣为原材料，制备了一种真菌菌丝/生物质复合板材，达到了我国国家标准《刨花板》（GB/T 4897—2015）中对干燥状态下使用的普通型刨花板（P1 型）内结合强度的要求（≥0.28 兆帕）。菌渣还可制作生物质建筑保温板、包装材料、化工材料等，应用于多个领域。

第三节　菌渣高值成分提取

食用菌菌渣中含有丰富的活性物质，其中包括多糖、氨基酸、核酸、黄酮类化合物等，从而使食用菌菌渣具有较高的营养价值，不但可以作为饲料原料，还可以提取其中的活性物质。

一、多糖提取

真菌多糖是一类天然高分子化合物，是由醛基和酮基通过糖苷键连接起来的高分子聚合物，是一类具有广泛药理活性的功效十分显著的活性物质，具有抗癌、抗氧化、抗炎症和抗细胞凋亡等多种功能。目前多糖的提取工艺已较为广泛，主要的提取方法包括热水浸提法、酶解提取法、超声波提取法和几种方法的组合等。如利用微波和热水对金针菇菌渣中的多糖成分进行提取，在微波和热水的作用下，金针菇菌渣中多糖的提取率可达67.25%。在液料比15∶1、超声波功率350瓦、超声时间15分钟和超声次数2次的工艺条件下，猴头菇菌渣多糖提取率为8.85%。

二、活性成分

从香菇菌棒的菌丝体中可提取木醋液，从猴头菇菌丝体中可提取养胃活性成分，从灰树花中可提取β(1-3)D-葡聚糖和β(1-6)

D-葡聚糖蛋白质化合物有效成分，从灵芝菌丝体中可提取甾类物质、三萜类物质等。从杏鲍菇菌渣中可以提取漆酶的单一纯品，相对分子质量约为 13.29，酶比活力为每毫克 6.233 国际单位，纯化倍数为 10.452，酶活回收率为 16.640%。香菇菌渣水提物中的草酸可以提高辣椒叶片抗性，减少辣椒疫霉病发生。香菇菌渣水提物中的酚酸可以控制稻瘟病发生。平菇、杏鲍菇、香菇、灵芝等食用菌的菌渣被用来生产乙醇。

图书在版编目（CIP）数据

农业废弃物生产食用菌及菌渣综合利用技术 / 姚利
等著. —北京：中国农业出版社，2024.9
ISBN 978-7-109-31515-0

Ⅰ.①农… Ⅱ.①姚… Ⅲ.①农业废物－应用－食用
菌－蔬菜园艺②农业废物－废物综合利用 Ⅳ.
①S646.1②X71

中国国家版本馆 CIP 数据核字（2023）第 239813 号

农业废弃物生产食用菌及菌渣综合利用技术
NONGYE FEIQIWU SHENGCHAN SHIYONGJUN JI
JUNZHA ZONGHE LIYONG JISHU

中国农业出版社出版
地址：北京市朝阳区麦子店街 18 号楼
邮编：100125
责任编辑：谢志新　郭晨茜
版式设计：杨　婧　责任校对：吴丽婷
印刷：中农印务有限公司
版次：2024 年 9 月第 1 版
印次：2024 年 9 月北京第 1 次印刷
发行：新华书店北京发行所
开本：880mm×1230mm　1/32
印张：7
字数：182 千字
定价：68.00 元